Amel Soualmia

Courants Secondaires dans des écoulements Complexes

I0027475

Amel Soualmia

Courants Secondaires dans des écoulements Complexes

Interactions Fluide-Paroi, Interactions à l'Interface Liquide Gaz

Presses Académiques Francophones

Mentions légales / Imprint (applicable pour l'Allemagne seulement / only for Germany)
Information bibliographique publiée par la Deutsche Nationalbibliothek: La Deutsche Nationalbibliothek inscrit cette publication à la Deutsche Nationalbibliografie; des données bibliographiques détaillées sont disponibles sur internet à l'adresse http://dnb.d-nb.de.
Toutes marques et noms de produits mentionnés dans ce livre demeurent sous la protection des marques, des marques déposées et des brevets, et sont des marques ou des marques déposées de leurs détenteurs respectifs. L'utilisation des marques, noms de produits, noms communs, noms commerciaux, descriptions de produits, etc, même sans qu'ils soient mentionnés de façon particulière dans ce livre ne signifie en aucune façon que ces noms peuvent être utilisés sans restriction à l'égard de la législation pour la protection des marques et des marques déposées et pourraient donc être utilisés par quiconque.

Photo de la couverture: www.ingimage.com

Editeur: Presses Académiques Francophones est une marque déposée de Südwestdeutscher Verlag für Hochschulschriften GmbH & Co. KG
Heinrich-Böcking-Str. 6-8, 66121 Sarrebruck, Allemagne
Téléphone +49 681 37 20 271-1, Fax +49 681 37 20 271-0
Email: info@presses-academiques.com

Produit en Allemagne:
Schaltungsdienst Lange o.H.G., Berlin
Books on Demand GmbH, Norderstedt
Reha GmbH, Saarbrücken
Amazon Distribution GmbH, Leipzig
ISBN: 978-3-8381-8836-2

Imprint (only for USA, GB)
Bibliographic information published by the Deutsche Nationalbibliothek: The Deutsche Nationalbibliothek lists this publication in the Deutsche Nationalbibliografie; detailed bibliographic data are available in the Internet at http://dnb.d-nb.de.
Any brand names and product names mentioned in this book are subject to trademark, brand or patent protection and are trademarks or registered trademarks of their respective holders. The use of brand names, product names, common names, trade names, product descriptions etc. even without a particular marking in this works is in no way to be construed to mean that such names may be regarded as unrestricted in respect of trademark and brand protection legislation and could thus be used by anyone.

Cover image: www.ingimage.com

Publisher: Presses Académiques Francophones is an imprint of the publishing house Südwestdeutscher Verlag für Hochschulschriften GmbH & Co. KG
Heinrich-Böcking-Str. 6-8, 66121 Saarbrücken, Germany
Phone +49 681 37 20 271-1, Fax +49 681 37 20 271-0
Email: info@presses-academiques.com

Printed in the U.S.A.
Printed in the U.K. by (see last page)
ISBN: 978-3-8381-8836-2

COURANTS SECONDAIRES DANS DES ECOULEMENTS EN CONFIGURATIONS COMPLEXES

INTERACTIONS FLUIDE-PAROI, INTERACTIONS A L'INTERFACE LIQUIDE GAZ

par
Amel SOUALMIA

1

« Dans la vie, rien n'est à craindre, tout est à comprendre »

Marie Curie

Avant-propos

Je remercie très chaleureusement Monsieur *Lucien Masbernat*, Professeur à l'Institut National Polytechnique de Toulouse. Depuis mes premiers travaux de recherches à l'Institut de mécanique des Fluides de Toulouse, j'ai bénéficié de ses compétences scientifiques et de son savoir faire dans le métier. Il a été un maître et un conseiller efficace.

J'exprime mes vifs remerciements au Professeur *Fethi Lebdi*, Directeur de l'Institut National Agronomique de Tunisie (INAT) et Directeur du Laboratoire Science et Technique de l'Eau (LSTE), de l'intérêt qu'il a manifesté pour ce travail en m'apportant ses encouragements et son appui pédagogique et scientifique.

Monsieur *Khalifa Maalel*, Professeur à l'Ecole Nationale d'Ingénieurs de Tunis (ENIT), m'a fait l'honneur de juger ce travail. J'ai toujours apprécié son expertise dans le domaine de l'Hydraulique qu'il sait communiquer avec simplicité et très souvent avec humour.

Monsieur *Taïeb Lili*, Professeur à la Faculté des Science de Tunis, a accepté de rapporter sur ce document de même qu'il a manifesté, à maintes reprises son intérêt pour mes travaux en me faisant notamment bénéficier de ses connaissances de tout premier plan en turbulence.

Je remercie Monsieur *Michel Lance*, Professeur à l'École Centrale de Lyon et Directeur du Laboratoire de Mécanique des Fluides et d'Acoustique, d'avoir accepté de rapporter sur ce travail malgré ses lourdes charges administratives.

Je tiens également à exprimer mes remerciements à mes *collègues* de l'INAT et de l'ENIT.

Je ne saurais terminer sans oublier *ma famille* et mes *amies* à qui j'exprime toute mon affection.

Table des matières

Introduction générale   15

Première partie – « Interactions morpho dynamiques dans les écoulements à surface libre »   21

Chapitre 1 : Structure d'écoulements à surface libre sur un fond de rugosité variable   23

1.1 Introduction   23
1.2 Installation expérimentale et caractéristiques des expériences réalisées à l'IMFT
                                                                                              24
1.3 Détermination des paramètres de paroi   25
1.4 Lois de paroi   27
1.5 Rugosité équivalente et loi de frottement pariétal   31
  1.5.1 Rugosité équivalente   31
  1.5.2 Loi logarithmique de frottement   33
1.6 Conclusion   35

Chapitre 2 : Modèles des contraintes de Reynolds dans les écoulements à surface libre   37

2.1 Introduction   37
2.2 Quelques rappels sur les modèles du tenseur de Reynolds   38
  2.2.1 Modèles de la dissipation   38
  2.2.2 Modèle du transport turbulent   39
  2.2.3 Modélisation du terme de redistribution   39
  2.2.4 Formulation algébrique du modèle du tenseur de Reynolds   41
2.3 Modèle des écoulements pleinement développés en canal   42
  2.3.1 Les équations du mouvement moyen en écoulement développé en canal
rectiligne   42
  2.3.2 Modèles des contraintes de Reynolds mis en œuvre   43
2.4 Conditions aux limites   46

2.4.1 Conditions aux limites à la paroi   46

2.4.2 Conditions aux limites à la surface libre   48

2.4.3 Résolution numérique   48

2.5 Applications à la simulation d'écoulements en charge et à surface libre   48

2.5.1 Ecoulement parallèle au-dessus d'un fond lisse ou rugueux   49

2.5.2 Ecoulements en charge ou à surface libre sur fond lisse   50

2.5.3 L'expérience de Hinze (1973)   52

2.6 Conclusion   53

Chapitre 3 : Ecoulements à surface libre au-dessus d'une brusque variation de rugosité   55

3.1 Introduction   55

3.2 Solution asymptotique du modèle de Gibson et Rodi dans la zone de paroi et sous la surface libre   55

3.2.1 Zone de paroi   55

3.2.2 Zone de la surface libre   58

3.2.3 Application des solutions asymptotiques à l'essai EI   59

3.3 Simulations numériques des expériences réalisées à l'IMFT   61

3.3.1 Position du problème   61

3.3.2 Simulations de l'essai EI   62

3.3.3 Simulations de l'essai EII   66

3.4 Conclusion   66

Chapitre 4 : Frottement et dispersion de quantité de mouvement dans les canaux ouverts à rugosité non uniforme   69

4.1 Introduction   69

4.2 Bilan moyen de quantité de mouvement et problèmes de fermeture de l'équation de Saint-Venant   70

4.3 Simulations locales des expériences de Muller et Studerus (1979), et Wang et Cheng (2006)   71

4.3.1 Définitions des expériences   71

4.3.2 Quelques résultats des simulations 3D   72

4.4 Lois de fermeture et résolution de l'équation de Saint-Venant 2D   74

4.4.1 Le coefficient de frottement   74
4.4.2 Les modèles des flux de transport   75
4.4.3 Résultats des simulations avec le modèle de Saint-Venant 2D horizontal   77
4.5 Conclusion   77

Deuxième partie – « Interactions gaz-liquide dans des systèmes de fluides industriels ou environnementaux »   79

Chapitre 5 : Turbulence et Circulations de Langmuir sous les vagues de vent 81

5.1 Introduction   81
5.2 Equations du modèle   82
5.3 Paramétrisation de l'ECT et du taux de dissipation à l'interface   84
5.4 Importance relative des circulations de Langmuir et du déferlement   85
5.5 Conclusion   87

Chapitre 6 : Structure et Modélisation d'écoulements diphasiques à phases séparées   89

6.1 Introduction et rappel   89
6.2 Analyse des résultats expérimentaux en écoulements stratifiés air-eau en canal de section rectangulaire   91
    6.2.1 Structure cinématique de l'écoulement gaz   92
    6.2.2 Structure de l'écoulement liquide   94
    6.2.3 Analyse théorique des interactions vague-courant   94
6.3 Résultats numériques   96
    6.3.1 Modèle mathématique   96
    6.3.2 Simulations numériques   97
6.4 Conclusions   98

Chapitre 7 : Etude de problèmes environnementaux   99

7.1 Introduction   99
7.2 Dynamique de la thermocline dans la couche mélangée de surface   99

7.2.1 Introduction   99

7.2.2 Mécanisme d'entraînement d'un gradient de densité   100

7.2.3 Modèle mathématique   101

7.2.4 Calage du modèle   102

7.2.5 Application du modèle à la retenue de Sidi-Salem   104

7.2.6 Conclusion   104

7.3 Modèle de la nitrification des rejets dans la Garonne au niveau de l'agglomération
    Toulousaine   105

7.3.1 Introduction   105

7.3.2 Modèle (1D) de l'azote ammoniacal dans la Garonne en aval de Toulouse 106

7.3.3 Résultats de simulations   107

7.3.4 Conclusions   108

Conclusion Générale   111

Références bibliographiques   113

Notations

A_i	Fonction de la production et des fonctions de proximité de surface
a	amplitude des vagues
b_{ij}	Tenseur d'anisotropie
B	Largeur du canal
B_0	Paramètre de la loi exponentielle au voisinage immédiat de paroi
B_r	Fonction de rugosité
C	Fonction de rugosité
C_{ij}	Tenseur d'advection
C_{Ks}	Coefficient de rugosité
c_f	Coefficient de frottement
d_{ij}	Tenseur de diffusion
E	Paramètre de la loi déficitaire
Fr	Nombre de Froude
f, f_s, f_b	Fonctions de proximité de surface
g	Constante universelle de la gravité
h ou H_L	Tirant d'eau
H_G	Hauteur de la phase gaz
$I = \sin\alpha$	Pente du canal
K_s	Rugosité équivalente de Nikuradse
K^+_S	Le nombre de rugosité
K^+_{SS}	Limite supérieure du régime lisse (en termes de rugosité)
K^+_{SR}	Limite inférieure du régime pleinement rugueux
k	Energie cinétique turbulente
k_S	Energie cinétique turbulente à la surface libre
L	Echelle de longueur des tourbillons énergétiques
L_S	Echelle de longueur des tourbillons énergétiques à la surface libre
p	Fluctuation de pression
P	Pression moyenne
P_r	Production de l'énergie cinétique turbulente
P_ε	Production de la dissipation
Q	Débit
R_e	Nombre de Reynolds correspondant à <U>

R_H	Rayon hydraulique
R_i^*	Nombre de Richardson global
R_p	Rapport de production de la turbulence
R_e^*	Nombre de Reynolds correspondant à u*
S_{ij}	Tenseur de taux de déformation
S	Teneur en substrat
T_i	Température de la couche i
U,V,W	Composantes de la vitesse moyenne dans le repère (O,x,y,z)
u, v, w	Fluctuations spatiales de vitesse
u_S	Courant de Stokes
<U>	Vitesse moyenne suivant la verticale
$\overline{u_i u_j}$	Contraintes turbulentes
U_e	Vitesse d'entraînement de la thermocline
u*	Vitesse de frottement
x	Coordonnée longitudinale
X_V	Teneur en biomasse
y	Coordonnée transversale
y'	Distance prise par rapport à la paroi latérale
z	Coordonnée verticale prise par rapport au sommet des éléments rugueux
z_0	Emplacement de l'origine du profil de vitesse
z'	Distance prise par rapport à la surface libre
Z	Cordonnée verticale prenant en considération z_0
Z^+	Variable interne
δ_{ij}	Symbole de Kronecker
ε	Taux de dissipation
ε_S	Taux de dissipation à la surface libre
ϕ_{ij}	Tenseur de redistribution
κ	Constante de Von Karman
$\lambda_{u,v,w}$	Paramètres des lissages exponentielles
λ	Longueur d'onde
τ_b, τ_L	Frottement de cisaillement sur la paroi du fond et la paroi latérale
<τ>	Frottement moyen
Ω	Composante longitudinale de la vorticité

ξ	Variable externe contenant le décalage z_o
ξ'	Variable externe prise par rapport au sommet des barrettes
Ψ	Fonction courant
ν	Viscosité cinématique de l'eau
ν_t	Viscosité turbulente
μ_N	Coefficient de croissance de la biomasse viable
η	Epaisseur de thermocline
Π	Paramètre de Coles
ρ	Masse volumique de l'eau
ω	Pulsation apparente
ζ	Variable externe suivant la largeur

Depuis mes travaux de thèse à l'Institut de Mécanique des Fluides de Toulouse, (IMFT), et puis mon HDR, mes activités de recherche et d'enseignement sont orientées vers l'analyse expérimentale et la modélisation d'écoulements turbulents dans des configurations complexes, rencontrées dans des systèmes de fluides industriels ou environnementaux. Dans ce contexte, j'ai été amenée à développer plusieurs thèmes de recherche et je présenterai les résultats les plus marquants en deux parties, dans l'ordre chronologique inverse de leur déroulement, en commençant par mes activités les plus récentes, au Laboratoire de Modélisation en Hydraulique et Environnement de l'ENIT.

J'ai regroupé ces deux domaines d'activité sous les titres suivants :

1ère Partie : « Interactions morpho dynamiques dans les écoulements à surface libre »

2^{ème}Partie : « Interactions gaz–liquide dans des systèmes de fluides industriels ou environnementaux »

Première partie - « Interactions morpho dynamiques dans les écoulements à surface libre »

Cette première partie, comprend quatre chapitres et regroupe les principaux résultats obtenus dans l'étude des écoulements à surface libre au-dessus de fonds de rugosité non uniforme. J'y présente l'ensemble des travaux numériques, théoriques et expérimentaux auxquels j'ai directement participé par mes travaux personnels et des co-encadrements de DEA et de thèse.

Les écoulements à surface libre, dans les milieux naturels ou urbanisés, mettent très souvent en jeu des interactions morpho dynamiques complexes, résultant notamment de la structure inhomogène du fond ou/et des déformations de la surface libre. Les variations transversales de la rugosité ou de la section transversale, (par exemple section composée en lit majeur et mineur), ou bien encore la présence d'obstacles ou de macro rugosités avec déformation de la surface libre modifient notablement la structure locale des écoulements. Ainsi, la turbulence en proximité de la paroi et de la surface libre, en présence de variations transversales de la rugosité du fond, a des propriétés d'inhomogénéité et d'anisotropie à l'origine d'écoulements secondaires

15

qui en retour modifient sensiblement l'évolution du frottement pariétal. Ces interactions sont encore mal maîtrisées et limitent la validité des modèles 3D fondés sur une fermeture de la turbulence en un point ainsi que les modèles 1D ou 2D de Saint Venant construits par intégration sur la section ou la verticale.

Pour progresser dans cette voie, nous avons entrepris, depuis 6 ans, des travaux d'analyse et de modélisation d'écoulements à surface libre, ces activités étant identifiés au LMHE dans deux opérations de recherche :

Mise au point et tests de modèles de simulation d'écoulements turbulents fondés sur un modèle algébrique du tenseur de Reynolds.

Modèle de Saint Venant dans les écoulements à surface libre en présence de rugosités inhomogènes

La première opération a été démarrée dans le cadre du DEA de S.Zaouali (Juin 2001) et de ma collaboration à la thèse de C.Labiod (2005) à l'IMFT. Elle s'est poursuivie par la thèse en co-tutelle ENIT INPT de S.Zaouali (2008) que j'ai co-cncadrée. Le travail de mise au point et de test des modèles s'est déployé dans deux directions :

Adaptation de différentes versions algébriques de modèles de transport du tenseur de Reynolds et implémentation dans un programme de calcul que j'avais mis au point pendant ma thèse, (voir chapitre 6), en collaboration avec A.Liné. Les tests des modèles se sont appuyés dans un premier temps sur des bases de données expérimentales disponibles dans la littérature, se rapportant à des écoulements en charge ou à surface libre en présence d'écoulements secondaires. L'ensemble de ces résultats obtenus dans le cadre du DEA et d'une partie de la thèse de S.Zaouali sont présentés dans le Chapitre 2.

Parallèlement à ces travaux, j'ai collaboré à l'interprétation et à la modélisation des expériences de C.Labiod à l'IMFT. C.Labiod a réalisé un ensemble d'expériences très complètes sur la structure d'un écoulement au-dessus d'un fond présentant un fort contraste de rugosité. Les rugosités, réalisées par une distribution périodique de barrettes créent un état de macro rugosité au centre du canal tandis que le fond est lisse de part et d'autre de la zone rugueuse. L'analyse des résultats expérimentaux, champ de vitesse moyenne et contraintes de Reynolds, ont permis de déterminer la distribution transversale des paramètres de paroi, vitesse de frottement, fonction de la rugosité, origine de la loi logarithmique. Il était alors possible d'analyser le comportement des composantes normales du tenseur de Reynolds dans la zone de paroi et dans le voisinage de la surface libre. Les résultats de C.Labiod et leur interprétation sont présentés dans le Chapitre 1 ce qui permet de mieux préciser la problématique de la modélisation.

Nous avons également développé des solutions asymptotiques dans la zone d'équilibre et dans la zone de paroi pour tester un modèle algébrique du tenseur de Reynolds. Cette analyse a permis de montrer qu'un modèle relativement simple permettait de rendre compte du comportement des fluctuations longitudinales et verticales de la vitesse et en conséquence de l'anisotropie de la turbulence près de la paroi et sous la surface libre. Cette analyse est présentée dans le Chapitre 3. Dans le même chapitre, on présente les résultats de simulations numériques des expériences de C.Labiod. Nous avons retenu une formulation simplifiée d'un modèle algébrique des contraintes de Reynolds qui donne des résultats cohérents avec les résultats des essais de Labiod.

C'est ce modèle que nous avons mis en œuvre dans le cadre de la deuxième opération de recherche, pour aborder les problèmes de fermeture des équations de Saint-Venant en écoulement développé au-dessus de fonds de rugosité non uniforme. Cette opération a été démarrée dans le cadre du DEA de l'EPT de A.Kaffel, (Novembre 2004), et est également abordée par S.Zaouali en fin de sa thèse. Dans le chapitre 4, je présente les premiers résultats de ces travaux, développés dans le cadre de simulations numériques d'écoulements à surface libre au-dessus de rugosités distribuées périodiquement sur la largeur du canal. Les expériences de Muller et Studerus (1979), et Wang et Cheng (2006) ont constitué les cas de référence pour ce premier travail. En écoulement pleinement développé, non parallèle, l'équation de bilan de quantité de mouvement intégré suivant le tirant d'eau contient trois termes qui font l'objet de fermeture, le frottement pariétal, la dispersion turbulente et la dispersion associée au transport advectif de quantité de mouvement par les écoulements secondaires.

Nous avons proposé une fermeture de type gradient pour ce dernier terme qui s'avère pertinente pour calculer l'écoulement par l'équation de Saint-Venant.

Deuxième partie - « Interactions gaz-liquide dans des systèmes de fluides industriels ou environnementaux »

Dans cette deuxième partie du mémoire, en trois chapitres, je présente des résultats de recherches qui ont été interrompues depuis quelques années. Les deux premiers chapitres 5 et 6 se rapportent à des problématiques liées aux interactions à une interface continue gaz-liquide déformée par un champ de vagues et recouvrent des applications industrielles et environnementales.

Le chapitre 5 présente les résultats d'une étude de la turbulence produite par déferlement et des circulations de Langmuir sous les vagues de vent. J'ai développé ce sujet à l'ENIT dans le prolongement des premiers travaux de thèse de Moussa (1986), dans le cadre du DEA de E.Ben Cheikh (2001). Nous avons proposé une nouvelle paramétrisation de la turbulence produite au sommet de la couche de surface océanique et nous l'avons prise en compte dans un modèle incluant les termes génériques des circulations de Langmuir selon la théorie de Craik et Leibovich (1976). La poursuite de ce travail a donné lieu à une communication internationale avec Actes, Soualmia et al (2001).

Le chapitre 6 présente un résumé de mes travaux de thèse sur l'écoulement co-courant de gaz et de liquide en conduite faiblement inclinée par rapport à l'horizontale. L'écoulement est à phases séparées par une interface déformée par les vagues qu'engendre le mouvement du gaz. On retrouve la problématique du chapitre précédent où les interactions entre vagues turbulence et courant influencent fortement la structure des écoulements de chaque phase. Ce sujet de recherche a été développé dans le cadre d'une collaboration entre le Département TTA de la Direction des Études d'EDF et l'IMFT. Il m'a permis de me former à des techniques de mesure avancées telles que l'anémométrie fil chaud et anémométrie Laser et à mettre au point un programme de calcul des écoulements en conduite par une méthode de volumes finis. C'est ce programme qui a été adapté pour la simulation des écoulements à surface libre et l'étude de la couche mélangée de surface.

Les problématiques développées dans le chapitre 7 sont différentes. Elles s'inscrivent dans l'approche par modélisation de problèmes concrets environnementaux et deux cas sont présentés.

Le premier concerne la modélisation de la dynamique de la thermocline dans le Lac de Sidi Salem en Tunisie. Dans le cadre de la préparation de mon DEA et en collaboration avec E.Ben Slama, j'ai développé un modèle tri couche qui s'est avéré performant pour simuler des expériences de laboratoire et l'évolution de la thermocline dans le lac de Sidi Salem.

Le second sujet est relatif à la simulation de la teneur en NH4 dans la Garonne en aval de Toulouse et de rejets ammoniacaux de l'usine AZF : ce problème a certainement perdu de son acuité depuis la tragique explosion de cette usine en Septembre 2001. Nous avions mis en œuvre un modèle de Saint-Venant en régime instationnaire, couplé à un modèle de transport de polluants incluant leur cinétique de nitratation.

Après une présentation de l'ensemble de ces travaux, j'évoquerai en guise de conclusion les perspectives de mes travaux futurs.

Première partie

Interactions morpho dynamiques dans les écoulements à surface libre

Chapitre 1

Structure d'écoulements à surface libre

sur un fond de rugosité variable

1.1 Introduction

Dans ce chapitre, nous regroupons quelques résultats d'expériences réalisées à l'IMFT par C.Labiod (2005) au cours de sa thèse. Ces expériences ont conduit en effet à caractériser le champ de vitesse moyenne et des contraintes de Reynolds dans des écoulements à surface libre au-dessus d'un fond présentant un important gradient transversal de rugosité. Nous avons collaboré à l'interprétation de ces expériences et à leur analyse pour estimer les capacités prédictives de différents modèles des contraintes de Reynolds. Ces travaux ont partiellement fait l'objet de publications dans Labiod (2005), Labiod, Soualmia, Masbernat, (2006), (2006), (2007).

Dans ce type d'écoulement, l'anisotropie de la turbulence, amplifiée par les interactions du fond et de la surface libre, induit des mouvements secondaires qui affectent significativement la structure de l'écoulement. Le calcul de tels écoulements passe par la mise en œuvre de modèles des contraintes de Reynolds fondés sur des fermetures au second ordre, capables notamment de reproduire correctement les différences des contraintes normales. Malgré les progrès dans la modélisation de la turbulence durant les trois dernières décennies, (cf. par exemple, Launder B. E., Reece G.J. and Rodi W. (1975) , Gibson et Rodi (1989) ; Nézu et Nakagawa (1993) ; Launder et Li (1994)), des difficultés persistent pour prédire correctement les écoulements à surface libre dans des configurations morphologiques complexes telles qu'elles se rencontrent dans la plupart des écoulements en milieu naturel. Avant d'aborder les aspects relatifs à la modélisation que nous développons aux chapitres 2 et 3, l'analyse des expériences de C.Labiod nous permettra de mieux cerner les problématiques de la modélisation et de la simulation numérique de ce type d'écoulements

1.2 Installation expérimentale et caractéristiques des expériences réalisées à l'IMFT

Les expériences de C.Labiod à l'IMFT ont été réalisées dans un canal rectangulaire, de largeur 0.52m, de hauteur 0.2m, et de longueur 13.5m. La rugosité du fond du canal est créée, (fig. 1), par des barrettes rectangulaires en PVC, de 5 mm d'épaisseur, de 3 cm de largeur, collées périodiquement tous les 6 cm au centre du canal sur le tiers de la largeur. De part et d'autre de la zone centrale rugueuse, la paroi est lisse et il en est de même pour les parois latérales. C.Labiod a utilisé un Anémomètre Doppler Laser 1D en mode diffusif direct pour mesurer la vitesse dans une section située à 9.5m de l'entrée du canal, où l'écoulement est pleinement développé. Dans tout ce qui suit, nous notons x, y et z, les coordonnées longitudinale, latérale et verticale ; l'origine est située au centre du canal, au sommet des rugosités (qui correspond au sommet de la partie lisse). U, V, W sont les composantes correspondantes de la vitesse moyenne, u, v, w leurs fluctuations turbulentes.

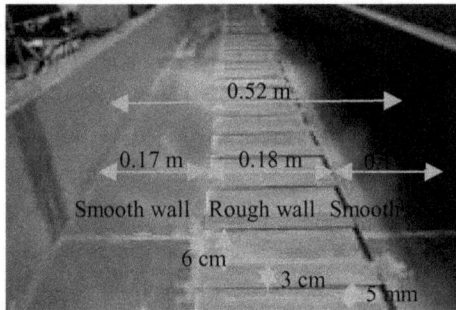

Fig.1 Le canal à surface libre avec la variation transversale de la rugosité

Deux séries d'essais, notées EI et EII, ont été réalisées dont les caractéristiques hydrodynamiques sont les suivantes.

Essai EI : Pente du canal I=0.0021, tirant d'eau h=0.078m, débit Q=0.0229 m^3s^{-1}

Essai EII : Pente du canal I=0.0021, tirant d'eau h=0.050m, débit Q=0.0110 m^3s^{-1}

Pour chacun des essais, la vitesse moyenne U et les fluctuations longitudinales, $\overline{u^2}$ ont été mesurées suivant 12 verticales situées à y = 0, 2.2, 4.5, 6.7, 9.0, 11.1, 13.2, 15.4, 17.5, 19.6, 21.7 et 23.9cm. Dans l'essai EI, les fluctuations verticales $\overline{w^2}$ et la contrainte turbulente $-\overline{uw}$ ont été déterminées suivant les verticales y = 0, 4.5, 9, 13.2, 17.5.

1.3 Détermination des paramètres de paroi

La première étape de l'interprétation des résultats a été de déterminer les paramètres de parois qui définissent la loi logarithmique de vitesse sous la forme :

$$U/u^* = \frac{1}{\kappa} \mathrm{Ln}(u^*(z+z_0)/\nu) + C \tag{1}$$

La vitesse de frottement u^* est définie par $u^* = \sqrt{\tau_b/\rho}$ où τ_b est le frottement local sur le fond du canal. Le décalage de l'origine de la loi logarithmique par rapport au sommet des rugosités est noté z_0 avec la convention : z_0 est positif lorsque l'origine de la loi logarithmique se situe sous le sommet des rugosités et z_0 est négatif dans le cas contraire. C est une fonction du nombre de rugosité, $K_s^+ = u^* K_s / \nu$, associé à une échelle de longueur K_s caractéristique de la rugosité.

Dans le cas de l'essai EI et des profils des sections y = 0, 4.5, 9, 13.2, 17.5, la détermination de u^*, z_0 et C s'appuie sur la loi logarithmique et l'extrapolation linéaire des profils de la contrainte de cisaillement $-\overline{uw}$. Pour les autres profils de l'essai EI et les profils de l'essai EII, u^*, z_0 et C sont déterminés à partir de la loi logarithmique et du comportement des profils de $\overline{u^2}/u^{*2}$ près de la paroi, déterminé à partir de l'analyse précédente, dans les sections où la contrainte de cisaillement avait été mesurée.

Les figures 2, 3, 4 présentent les profils transversaux du frottement local à la paroi, de la fonction C de la rugosité et du décalage de l'origine de la loi logarithmique.

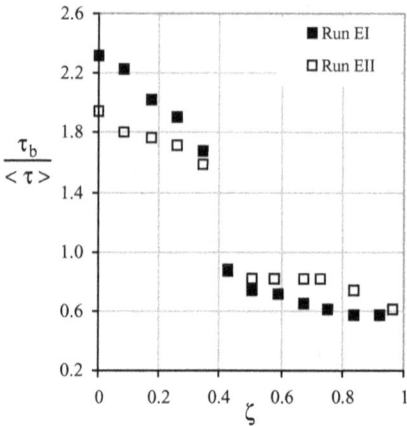

Fig.2 Frottement sur la paroi du fond

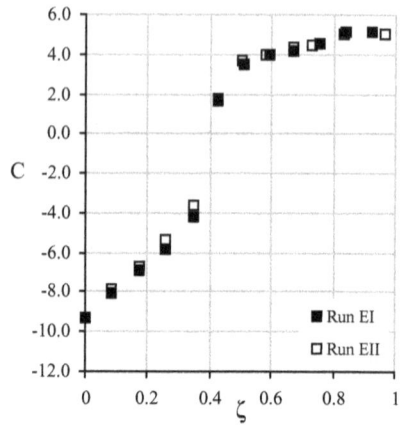

Fig.3 Fonction C du nombre de rugosité

Sur ces figures, la coordonnée y est normalisée par la demi largeur du canal B = 0.26m et l'on a posé $\zeta = y / B$; le frottement local τ_b à la paroi est normalisé par le frottement moyen $<\tau>=\rho g R_h I$, le long du périmètre mouillé où R_h est le rayon hydraulique, I la pente du canal.

Pour les deux essais EI et EII, les distributions du frottement pariétal et de la fonction de la rugosité sont étroitement corrélées avec une décroissance rapide du frottement au droit de la section y=9, où se situe le changement brusque de rugosité traduit par l'augmentation rapide de C. Notons cependant que les évolutions du frottement et de la fonction de la rugosité sont continues en dehors de cette zone et que les deux essais conduisent sensiblement aux mêmes valeurs de la fonction de la rugosité, avec un régime de macro rugosité au centre du canal où $C \approx -10$ et un régime intermédiaire au-dessus de la zone lisse, puis un régime lisse avec C=5.1 près de la paroi latérale. En conséquence, le nombre de rugosité K_s^+ est conservé dans les deux essais et non la rugosité K_s qui n'est donc pas uniquement caractéristique de la configuration géométrique de la paroi mais résulte également des interactions dynamiques.

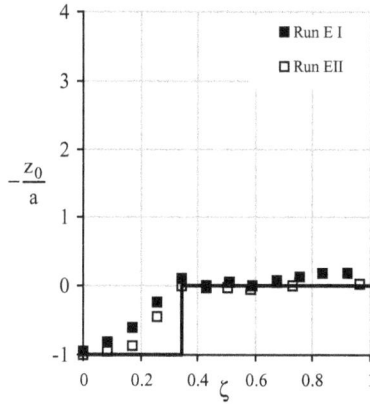

Fig. 4 Décalage de l'origine de la loi logarithmique

Les mêmes conclusions s'appliquent à l'évolution du décalage z_0 de l'origine de la loi logarithmique, représenté sur la figure 4 après normalisation par l'épaisseur a=5mm des plaques qui créent la rugosité dans la zone centrale du canal.

1.4 Lois de paroi

Connaissant les paramètres de paroi, on est en mesure de donner une représentation adimensionnelle du champ de vitesse moyenne et des contraintes de Reynolds, en précisant notamment la formulation des lois de paroi. Les figures 5 représentent l'évolution transversale des profils de la vitesse longitudinale $U^+ = U/u^*$ en fonction de la variable interne $Z^+ = (z + z_0)u^*/\nu$.

La distribution de vitesse dans la zone de paroi est contrôlée par la fonction C de la rugosité, comme indiquée par les droites en pointillées données par l'équation (1) avec les valeurs de C reportées sur la figure 3, déterminées pour chacun des deux essais.

Les figures 6, 7, 8 regroupent les profils verticaux de $-\overline{uw}/u^{*2}$ pour l'essai EI et les profils de $\overline{u^2}/u^{*2}$ pour les deux essais EI et EII en fonction de la variable externe $\xi = (z + z_0)/(h + z_0)$.

La pente des profils de la contrainte turbulente de cisaillement dans la zone de paroi, $0 < \xi < 0.25$, constitue une signature remarquable de la présence d'écoulements secondaires : en effet, quand l'écoulement est parallèle, le profil de $-\overline{uw}/u^{*2}$ est linéaire sur tout le tirant d'eau, de pente $\alpha=1$, tel que : $-\overline{uw}/u^{*2}=1-\alpha\xi$ \hfill (2)

■ EI y=0	+ EI y=2,25	✕ EI y=4,5		
✕ EI y=6.7	▲ EI y=9	● EI y=11.1		
◆ EI y=13.2	○ EI y=15.4	△ EI y=17.5		
◻ EI y=19.6	◇ EI y=21.7	▪ EI y=23.9		
—— C=5.1				

■ EII y=0	◆ EII y=2.2	▲ EII y=4.5		
● EII y=6.7	✶ EII y=9	◻ EII y=11.1		
◇ EII y=13.2	△ EII y=15.1	✕ EII y=17.5		
+ EII y=19	○ EII y=21.7	▪ EII y=25.1		
—— C=5.1				

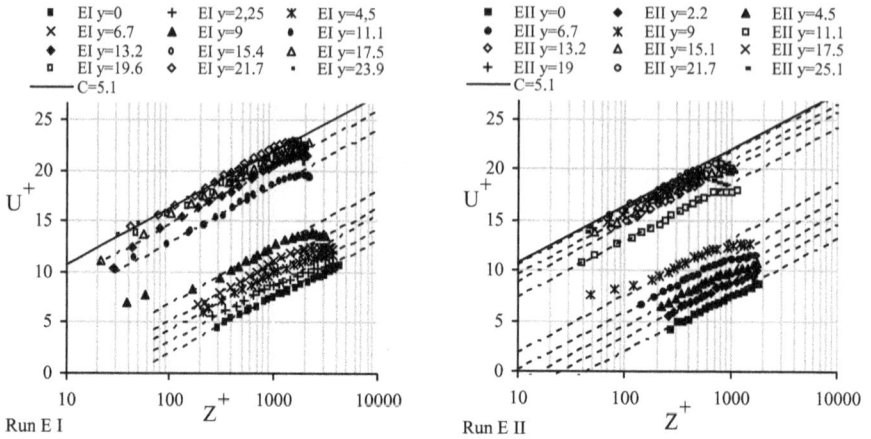

Run E I Z^+ Run E II Z^+

Fig. 5 Vitesse moyenne longitudinale en coordonnées semi-logarithmiques

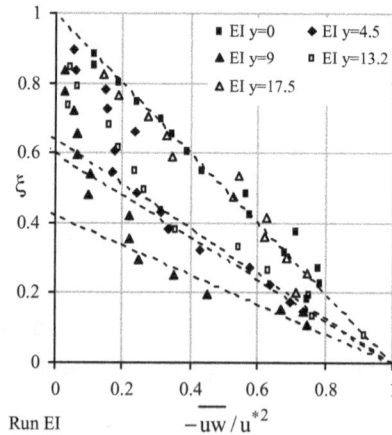

Run EI $-\overline{uw}/u^{*2}$

Fig. 6 Profils de la contrainte de cisaillement dans l'essai EI

La figure (6) indique des valeurs $\alpha>1$ dans les sections y=4.5, 9, 13.2 de part et d'autre du changement brusque de rugosité, là où les écoulements secondaires sont intenses. Cette diminution importante du cisaillement entraîne une diminution de la production de turbulence et en conséquence de l'intensité turbulente comme le

28

confirm les profils de $\overline{u^2}/u^{*2}$ représentés sur les figures 7 et 8 relatifs respectivement aux essais EI et EII.

Sur chacune des figures 7 et 8, on a reporté, séparément, les profils de $\overline{u^2}/u^{*2}$ au-dessus de la zone de paroi géométriquement lisse, courbes (a), et au-dessus de la zone rugueuse, courbes (b). Pour les deux essais, au-dessus de la zone lisse et à l'exception des profils très proches de la paroi latérale, on retrouve le comportement connu des lois de paroi lisse, correctement reproduit par le profil exponentiel semi empirique proposé par Nezu et Rodi (1989), de la forme :

- Dans la zone de très proche paroi, $Z^+ < 50$,

$$\frac{\overline{u^2}}{u^{*2}} = [D_u \Gamma \exp(-\lambda_u \xi) + 0.3 Z^+ (1-\Gamma)]^2 \qquad (3\text{-}a)$$

où la fonction d'amortissement Γ est donnée par $\Gamma = 1 - \exp(-Z^+/B')$ et D_u, λ_u, B' sont des constantes empiriques

- Dans la région d'équilibre, où l'effet de la fonction d'amortissement est négligeable, l'expression (3-a) est équivalente à : $\dfrac{\overline{u^2}}{u^{*2}} = D_u^2 \exp(-2\lambda_u \xi)$ \qquad (3-b)

Sur les figures (7-a) et (8-a), la courbe d'équation (3-a) a été tracée avec les valeurs habituelles des constantes pour l'écoulement au-dessus d'une paroi lisse, soit, $D_u = 2.3$, $\lambda_u = 0.88$, $B' = 10$.

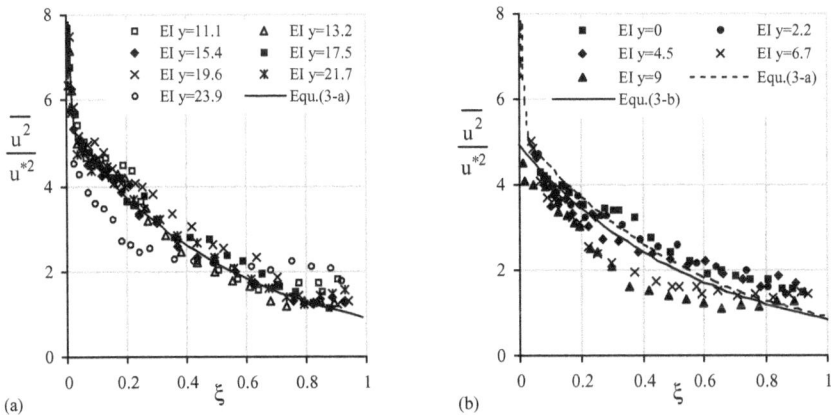

Fig. 7 Fluctuations longitudinales de vitesse dans l'essai EI
(a) - au-dessus de la zone lisse, (b) - au-dessus de la zone rugueuse

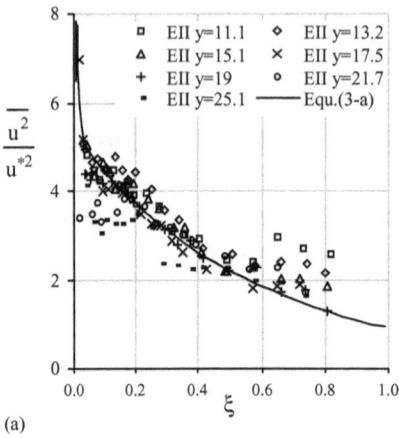

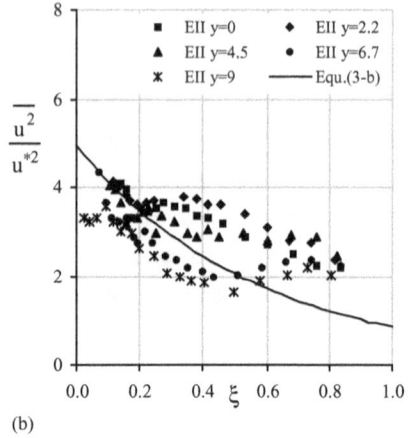

Fig. 8 Fluctuations longitudinales de vitesse dans l'essai EII
(a) - au-dessus de la zone lisse, (b) - au-dessus de la zone rugueuse

Sur les figures (7-b) et (8-b), où sont regroupés les profils de $\overline{u^2}/u^{*2}$ au-dessus de la zone rugueuse, la courbe (3-b) a été tracée avec les valeurs $D_u = 2.22$, $\lambda_u = 0.88$. Cette plus faible valeur de D_u au-dessus de la zone rugueuse représente une diminution d'environ 11% de l'intensité turbulente dans la zone de paroi au-dessus de la zone rugueuse comparativement à la zone lisse. Notons que cette différence est relativement faible comparativement aux résultats d'autres auteurs.

Dans la zone de paroi rugueuse, on note aussi la dispersion des valeurs de $\overline{u^2}/u^{*2}$ au-dessous de la courbe (3-b), dans la zone de paroi. Cette diminution de l'intensité turbulente près de la paroi résulte de la diminution de la contrainte de cisaillement, fig. 6, et de la production de turbulence : nous le montrons plus précisément au chapitre 3, à partir de la solution asymptotique d'un modèle du tenseur de Reynolds dans la zone d'équilibre. Les remarques précédentes sur la distribution de $\overline{u^2}/u^{*2}$ s'appliquent également aux profils de fluctuations verticales $\overline{w^2}/u^{*2}$ représentés sur la figure 9. La réduction de la production de turbulence due aux écoulements secondaires est notamment bien mise en évidence dans la section y= 9. Notons aussi l'amortissement des fluctuations verticales de vitesse près de la surface libre ; il se traduit par une augmentation de l'anisotropie de la turbulence dans le voisinage de la surface libre qui a un effet important sur la génération des écoulements secondaires, comme nous le verrons par la suite : il s'agit là d'une spécificité des écoulements à surface libre comparativement aux écoulements en charge.

30

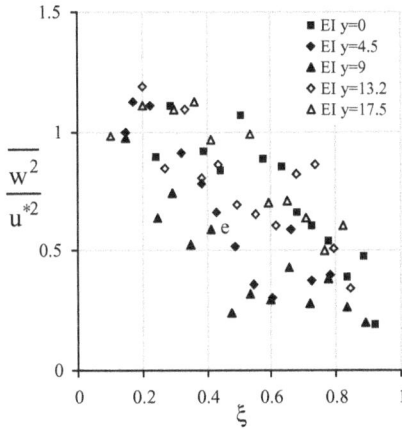

Fig. 9 Fluctuations verticales de vitesse dans l'essai EI

1.5 Rugosité équivalente et loi de frottement pariétal

1.5.1 Rugosité équivalente

La distribution de la fonction de la rugosité, $C(K_S^+)$, (fig.3), indique l'évolution d'un régime pleinement rugueux dans la zone centrale du canal vers un régime lisse près des parois latérales.

- En régime pleinement rugueux, on admet généralement que la fonction $C(K_S^+)$ a un caractère universel et s'exprime, au-dessus d'une valeur seuil $K_{sr}^+ = u^* K_{sr} / v$ du nombre de rugosité, sous la forme :

$$K_{sr}^+ \leq K_s^+, \qquad C = B_r - \frac{1}{\kappa} Ln(\frac{u^* K_s}{v}) \tag{4-a}$$

où K_{sr}^+ définit la limite inférieure du régime rugueux.

Par référence aux expériences de Nikuradse réalisées avec des rugosités de sable, la valeur de la constante $B_r = 8.5$ définit K_s comme une rugosité équivalente de sable.

- En régime lisse, C est constante :

$$0 \leq K_s^+ \leq K_{ss}^+, \quad C = C_s = 5.1 \, \text{à} \, 5.3 \tag{4-b}$$

où K_{ss}^+ définit la limite supérieure du régime lisse

- En régime intermédiaire, la fonction $C(K_s^+)$ n'a pas de caractère universel. Ligrani et Moffat (1986) ont proposé une expression empirique de $C(K_s^+)$ adaptable à différents types de rugosité. Par référence aux expériences de Nikuradse en régime

31

intermédiaire avec une rugosité de sable, ces auteurs proposent l'expression suivante :

$$K_{ss}^+ \le K_s^+ \le K_{sr}^+, \qquad C = C_s + [B_r - C_s - \kappa^{-1} \ln K_s^+] \sin(\frac{\pi}{2}\gamma) \qquad (4\text{-}c)$$

où $\gamma = Ln(K_s^+ / K_{ss}^+) / Ln(K_{sr}^+ / K_{ss}^+)$

Les expériences de Nikuradse en régime de rugosité intermédiaire sont bien lissées par (4-c) avec les valeurs suivantes des constantes :

$$C_s = 5.1, \ B_r = 8.5, \ K_{ss}^+ = 2.5, \ K_{sr}^+ = 90 \qquad (5)$$

La courbe tracée sur la figure (10) est calculée avec les équations (4) et les valeurs des constantes (5). Des valeurs expérimentales de C obtenues dans les essais EI et EII on a déduit les valeurs de K_s^+ à partir des équations (4). Leur distribution transversale représentée sur la figure 11 est approximativement la même pour les deux essais, comme l'indique la distribution de C.

Connaissant la vitesse de frottement local u*, on peut calculer la rugosité équivalente K_s que l'on a reportée, normée par la hauteur a=5mm des barrettes, sur la figure 12 : on observe bien la différence de rugosité équivalente entre les deux essais et sa décroissance continue au-dessus de la zone rugueuse

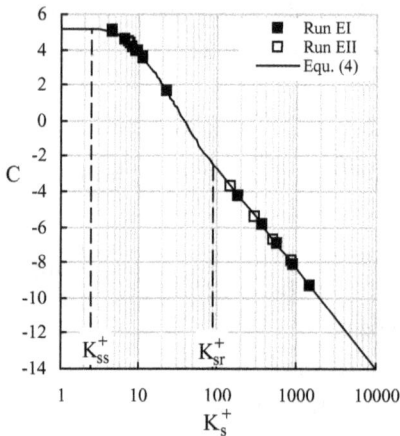

Fig.10 Fonction de la rugosité

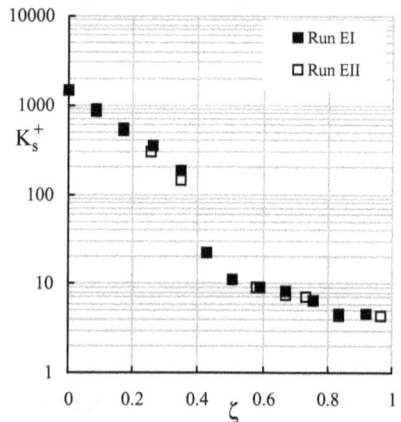

Fig. 11 Distribution du nombre de rugosité

En présence du fort contraste de la rugosité mise en œuvre dans l'expérience de l'IMFT, il n'est pas possible d'affecter à priori une valeur de la rugosité équivalente et sa détermination à partir de la mesure du champ de vitesse et des contraintes de

Reynolds est un passage obligé. Par ailleurs dans le cadre de cette expérience, c'est la fonction de rugosité C qui traduit l'état de rugosité du fond du canal pour deux essais de caractéristiques hydrodynamiques différentes. Le décalage z_0 de l'origine de la loi logarithmique est également un paramètre caractéristique de la rugosité. Dans les études d'écoulements au-dessus de parois rugueuses, la plupart des auteurs expriment z_0 comme une fraction de la rugosité équivalente, les valeurs les plus couramment admises étant $z_0 / K_s = 0.2 \,\text{à}\, 0.3$. Cette estimation donne le bon ordre de grandeur dans les deux essais comme l'indique la figure 13.

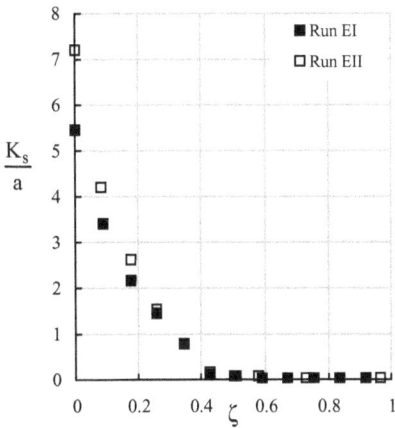

Fig. 12 Distribution de la rugosité
équivalente

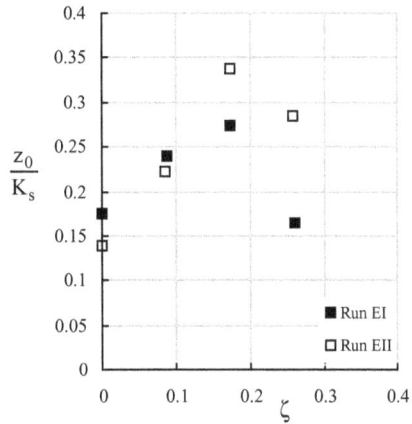

Fig. 13 Décalage z_0 en fonction de la
rugosité

Du point de vue des applications en hydraulique, il est important d'estimer comment la fonction de la rugosité C et le décalage z_0 sont pris en compte dans la formulation de la loi de frottement.

1.5.2 Loi logarithmique de frottement

En écoulement parallèle, la vitesse moyenne U vérifie la loi logarithmique de paroi mais également la loi déficitaire qui exprime par une loi logarithmique le déficit de la vitesse U par rapport à la vitesse maximale, le maximum de vitesse étant atteint sur la surface libre. En présence d'écoulements secondaires le maximum de vitesse peut être atteint sous la surface libre et la formulation de la loi déficitaire en termes du maximum de vitesse perd de son intérêt. En fait nous avons montré qu'il était plus judicieux d'introduire un déficit de vitesse par rapport à la vitesse débitante suivant chaque verticale, définie par :

$$< U > (y) = \frac{1}{h} \int_0^h U(y,z)dz \qquad (6)$$

La loi déficitaire s'exprime alors sous la forme :

$$\frac{< U > - U}{u^*} = -\frac{1}{\kappa} Ln(\frac{z+z_0}{h+z_0}) - E \qquad (7)$$

L'expression (7) assure un bon raccordement avec la loi logarithmique de paroi (1), si l'on choisit une valeur de la constante E=2.8. La combinaison de la loi de paroi et de la loi déficitaire conduit à l'expression de la loi de frottement.

Définissons le coefficient de frottement c_f suivant chaque verticale par :

$$c_f = \frac{\tau_b}{\frac{1}{2}\rho < U >^2} \qquad (8)$$

et le nombre de Reynolds relatif à chaque verticale par :

$$R_e = \frac{< U > (h+z_0)}{\nu} \qquad (9)$$

Les équations (1) et (7) conduisent à l'expression implicite du coefficient de frottement en fonction du nombre de Reynolds et de la fonction de rugosité C :

$$\sqrt{\frac{2}{c_f}} = \frac{1}{\kappa} Ln(R_e\sqrt{\frac{c_f}{2}}) + C(K_s^+) - 2.8 \qquad (9)$$

La figure 14 présente les valeurs du coefficient de frottement, calculées par la loi log (9), où le nombre de Reynolds et les valeurs de C sont déterminés à partir des expériences.

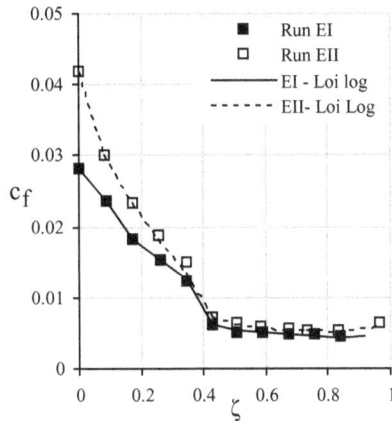

Figure 14 : Distributions sur le fond des coefficients de frottement expérimental et calculé

La confrontation à l'expérience est tout à fait satisfaisante et la loi de frottement (9) sera une des lois de fermeture d'un modèle de Saint Venant -2D, bâti par intégration suivant la verticale, approche qui est mise en œuvre au chapitre 4. Mais il faudra aussi s'intéresser aux effets de la dispersion par la turbulence mais également par les écoulements secondaires et la mise en œuvre de modèles 3D reproduisant les écoulements secondaires s'avère indispensable.

1.6 Conclusion

Les expériences mises en œuvre par C.Labiod à l'IMFT, ont le mérite de donner une description relativement complète d'un écoulement à surface libre en présence d'un fort contraste de rugosité du fond qui varie d'un état de macro rugosité au centre du canal à un régime de paroi lisse sur les parties adjacentes. La détermination soignée des paramètres de paroi permet de donner une caractérisation des lois de paroi en termes de vitesse de frottement locale, fonction de rugosité et déplacement de l'origine de la loi logarithmique. Ces résultats seront très utiles notamment pour définir les conditions aux limites à la paroi dans les simulations numériques présentées au chapitre 3. Au préalable, dans le chapitre 2, nous discutons différentes formulations algébriques du tenseur de Reynolds que nous testons en simulant quelques expériences disponibles dans la bibliographie.

Chapitre 2

Modèles des contraintes de Reynolds

dans les écoulements à surface libre

2.1 Introduction

Les écoulements turbulents à surface libre, dans les milieux naturels ou urbanisés, sont souvent présents avec des conditions aux limites inhomogènes dues aux variations de rugosités du fond fixe ou mobile. Ces écoulements présentent des complexités qui constituent des limitations des modèles existants : c'est le cas pour les modèles 3D fondés sur une fermeture de la turbulence en un point, ainsi que les modèles 1D ou 2D de Saint Venant construit par intégration sur la section ou la verticale et utilisés souvent dans des domaines d'applications. La prédiction de tels écoulements nécessite une fermeture au second ordre des modèles du tenseur de Reynolds, afin de prédire correctement l'anisotropie de la turbulence qui contrôle la génération des écoulements secondaires. Depuis les premiers modèles de Launder Reece et Rodi (1975), Zeman et Lumley (1976), Gibson et Launder (1978), plusieurs auteurs ont proposé des adaptations de ces modèles au calcul des écoulements en charge ou à surface libre en présence d'écoulements secondaires. C'est le cas, entre autres, des travaux de Gessner et Emery (1981), Demuren et Rodi (1984), Gibson et Rodi (1989), Launder et Li (1994), Naimi et Gessner (1997). Néanmoins, de nombreuses difficultés subsistent, en liaison notamment avec les effets de la rugosité sur l'anisotropie de la turbulence dans la zone de paroi et près de la surface libre mais également sur la caractérisation même de la rugosité. Nous avons ainsi été conduits à comparer différents modèles des contraintes de Reynolds en les appliquant à des expériences disponibles dans la littérature. Nous présentons dans ce chapitre quelques éléments de conclusion de ce travail auquel a contribué Zaouali dans le cadre de sa thèse en cotutelle ENIT-INPT.

2.2 Quelques rappels sur les modèles du tenseur de Reynolds

Le point de départ de tous les modèles des contraintes de Reynolds, fondés sur des fermetures en un point, réside dans la formulation exacte de l'équation de transport du tenseur de corrélation des fluctuations de vitesse $\overline{u_i u_j}$. Par la suite U_i désigne le champ de vitesse moyenne et u_i le champ des fluctuations turbulentes. Nous ne considérerons ici que des situations de turbulence développée, à grand nombre de Reynolds, hors des zones d'influence de la viscosité. Dans ce cadre, l'équation de transport de $\overline{u_i u_j}$ s'écrit :

$$\frac{D\overline{u_i u_j}}{Dt} = \underbrace{\frac{\partial \overline{u_i u_j}}{\partial t} + \frac{\partial \overline{u_i u_j} U_k}{\partial x_k}}_{C_{ij}} = \underbrace{-\frac{\partial}{\partial x_k}(\overline{u_i u_j u_k} + \frac{\overline{p}}{\rho}(\delta_{kj} u_i + \delta_{ik} u_j))}_{\text{Diffusion turbulente } d_{ij}}$$

$$\underbrace{-(\overline{u_i u_k}\frac{\partial U_j}{\partial x_k} + \overline{u_j u_k}\frac{\partial U_i}{\partial x_k})}_{\text{Production } P_{ij}} \underbrace{-2\nu\overline{\frac{\partial u_i}{\partial x_k}\frac{\partial u_j}{\partial x_k}}}_{\text{Dissipation } \varepsilon_{ij}} + \underbrace{\overline{\frac{p}{\rho}(\frac{\partial u_i}{\partial x_j} + \frac{\partial u_j}{\partial x_i})}}_{\text{Redistribution } \Phi_{ij}} \qquad (1)$$

Au second membre de (1), à l'exception du terme de production, tous les autres termes doivent être modélisés. Les termes de dissipation et de transport turbulent font l'objet de modèles généralement adoptés par la plupart des auteurs.

2.2.1 Modèles de la dissipation

L'hypothèse d'isotropie locale de la turbulence conduit à exprimer le tenseur de dissipation ε_{ij} par :

$$\varepsilon_{ij} = \frac{2}{3}\varepsilon\delta_{ij} \qquad (2)$$

où ε est le taux de dissipation de l'énergie cinétique turbulente, $k = \frac{1}{2}\overline{u_j u_j}$.

L'équation de transport du taux de dissipation ε est modélisée sous la forme standard :

$$\frac{D\varepsilon}{Dt} = \frac{\partial \varepsilon}{\partial t} + \frac{\partial \varepsilon U_j}{\partial x_j} = \frac{\partial}{\partial x_j}(\frac{\nu_t}{\sigma_\varepsilon}\frac{\partial \varepsilon}{\partial x_j}) + \underbrace{C_{\varepsilon 1}\frac{\varepsilon}{k}P_r}_{P_\varepsilon} - C_{\varepsilon 2}\frac{\varepsilon^2}{k} \qquad (3)$$

où $P_r = \frac{1}{2}P_{jj} = -\overline{u_i u_j}\frac{\partial U_i}{\partial x_j}$ est la production d'énergie cinétique turbulente.

Zeman et Lumley (1976) ont proposé une variante de la modélisation standard du terme de production de la dissipation $P_\varepsilon = C_{\varepsilon 1} \dfrac{\varepsilon}{k} P_r$ dans (3), sous la forme :

$$P_\varepsilon = 0.47 \frac{\varepsilon}{k} P + 3.9 \frac{\varepsilon^2}{k} \frac{b_{ij} b_{ij}}{1 + 1.5\sqrt{b_{ij} b_{ij}}} \tag{4}$$

où $b_{ij} = \dfrac{\overline{u_i u_j}}{k} - \dfrac{2}{3} \delta_{ij}$ est le tenseur d'anisotropie.

Gibson et Rodi (1989) ont montré que dans les écoulements à surface libre le modèle de Zeman et Lumley rend mieux compte de l'augmentation du taux de dissipation près de la surface libre et en conséquence de la réduction de l'échelle de longueur.

2.2.2 Modèles du transport turbulent

La plupart des modèles du terme de diffusion d_{ij} négligent la diffusion par la pression et expriment la corrélation triple par une hypothèse de gradient. Le modèle de Daly et al. (1977) est le plus couramment utilisé :

$$d_{ij} = C_s \frac{\partial}{\partial x_k} (\frac{k}{\varepsilon} \overline{u_k u_l} \frac{\partial \overline{u_i u_j}}{\partial x_l}) \tag{5}$$

ou bien, son expression simplifiée :

$$d_{ij} = \frac{\partial}{\partial x_k} (\frac{\nu_t}{\sigma_k} \frac{\partial \overline{u_i u_j}}{\partial x_l}) \qquad \text{avec :} \qquad \nu_t = C_\mu \frac{k^2}{\varepsilon} \tag{6}$$

2.2.3 Modélisation du terme de redistribution

C'est un des termes essentiels de la modélisation du tenseur de Reynolds puisqu'il contrôle l'anisotropie de la turbulence. C'est aussi le terme dont la modélisation est la plus controversée.

Le point de départ est commun à tous les modèles qui décomposent le taux de redistribution Φ_{ij} en trois contributions sous la forme :

$$\Phi_{ij} = \Phi_{ij}^{(1)} + \Phi_{ij}^{(2)} + \Phi_{ij}^{(w)} \tag{7}$$

Le terme $\Phi_{ij}^{(1)}$ résulte d'interactions turbulentes et présente un caractère non linéaire ; le terme $\Phi_{ij}^{(2)}$ d'interactions entre la turbulence et le mouvement moyen est linéaire ; le terme de réflexion des frontières $\Phi_{ij}^{(w)}$ exprime les interactions qui se produisent aux frontières du domaine d'écoulement (paroi, surface libre,..).

- Le terme non linéaire $\Phi_{ij}^{(1)}$ est une contribution de retour à l'isotropie (processus lent), il est modélisé selon la proposition de Rotta (1951) :

$$\Phi_{ij}^{(1)} = -C_1 \frac{\varepsilon}{k}\left(\overline{u_i u_j} - \frac{2}{3}\delta_{ij}k\right) \tag{6}$$

- Le terme linéaire $\Phi_{ij}^{(2)}$ est source d'anisotropie (processus rapide) et Launder et al. (1976) proposent :

$$\Phi_{ij}^{(2)} = -C_2\left(P_{ij} - \frac{2}{3}\delta_{ij}P\right) - \beta\left(D_{ij} - \frac{2}{3}\delta_{ij}P\right) - \gamma k\left(\frac{\partial U_i}{\partial x_j} + \frac{\partial U_j}{\partial x_i}\right) \tag{7}$$

où, $P_{ij} = -(\overline{u_i u_k}\frac{\partial U_j}{\partial x_k} + \overline{u_j u_k}\frac{\partial U_i}{\partial x_k})$ et $D_{ij} = -(\overline{u_i u_k}\frac{\partial U_k}{\partial x_j} + \overline{u_j u_k}\frac{\partial U_k}{\partial x_i})$

Il existe une expression simplifiée, avec $\beta = \gamma = 0$, qu'utilisent notamment Gibson et Rodi (1989), et que nous avons adoptée dans toutes nos simulations.

- Le terme de réflexion des frontières $\Phi_{ij}^{(w)}$ joue un rôle particulièrement important dans les écoulements à surface libre puisqu'il doit traduire l'effet d'amortissement des fluctuations de vitesse dans la direction normale à la paroi et à la surface libre.

Actuellement, la plupart des modèles s'appuient sur la formulation de Shir (1963) qui distingue deux contributions liées à chacun des deux termes, non linéaire et linéaire :

$$\Phi_{ij}^{(w)} = G_{ij} + H_{ij} \tag{8}$$

$$G_{ij} = c_1' \frac{\varepsilon}{k}[\overline{u_k u_m}n_k n_m \delta_{ij} - \frac{3}{2}\overline{u_k u_i}n_k n_j - \frac{3}{2}\overline{u_k u_j}n_k n_i]f(\frac{\ell}{n_i r_i}) \tag{9-a}$$

$$H_{ij} = c_2'[\Phi_{km}^{(2)}n_k n_m \delta_{ij} - \frac{3}{2}\Phi_{ki}^{(2)}n_k n_j - \frac{3}{2}\Phi_{kj}^{(2)}n_k n_i]f(\frac{\ell}{n_i r_i}) \tag{9-b}$$

Dans les expressions ci-dessus n_i est le vecteur unité normal à la surface frontière du domaine d'écoulement r_i le vecteur position du point par rapport à la surface et $f(\frac{\ell}{n_i r_i})$ est la fonction de proximité de la surface (paroi du canal, surface libre, obstacle) où ℓ est une échelle turbulente caractéristique des tourbillons porteurs d'énergie. Plusieurs expressions de la fonction de proximité ont été proposées : nous avons retenu les expressions des fonctions de paroi et de surface libre testées par Gibson et Rodi (1989) en les adaptant aux écoulements dans les canaux ouverts de section rectangulaire comme nous le verrons dans la suite de l'exposé.

Les modèles évoqués ci-dessus dérivent du modèle de Launder, Reece et Rodi (1975) qui reproduit de façon séparée, par le terme $\Phi_{ij}^{(w)}$, l'effet des frontières dans la redistribution par corrélation pression déformation. Launder et Li, (1993), ont proposé une modélisation de $\Phi_{ij}^{(2)}$ sous forme d'une fonctionnelle cubique du tenseur de Reynolds qui en principe dispense de la prise en compte du terme $\Phi_{ij}^{(w)}$. Malheureusement, ce modèle ne peut rendre compte des effets de la surface libre où la production de turbulence est très faible.

2.2.4 Formulation algébrique du modèle du tenseur de Reynolds

À l'équation de transport modélisée du tenseur de Reynolds, il est possible de substituer une expression algébrique qui évite la résolution des six équations de transport des contraintes turbulentes. L'hypothèse généralement admise pour dégénérer l'équation (1) en équation algébrique s'écrit, suivant Launder (1971) :

$$\overline{u_i u_j}/k \approx \text{Constantes} = \beta_{ij} \tag{10}$$

Reportons (10) dans l'équation (1) de transport de $\overline{u_i u_j}$ où l'on introduit les modélisations (2) de la dissipation et (5) de la diffusion, soit :

$$\beta_{ij}[\frac{\partial k}{\partial t} + \frac{\partial U_m k}{\partial x_m} + C_s \frac{\partial}{\partial x_m}(\frac{k}{\varepsilon}\overline{u_m u_l}\frac{\partial k}{\partial x_l})] = P_{ij} - \frac{2}{3}\varepsilon\delta_{ij} + \Phi_{ij} \tag{11}$$

La contraction de (11) donne l'équation de transport de l'énergie cinétique turbulente k, (ECT), sous la forme :

$$\frac{\partial k}{\partial t} + \frac{\partial U_m k}{\partial x_m} + C_s \frac{\partial}{\partial x_m}(\frac{k}{\varepsilon}\overline{u_m u_l}\frac{\partial k}{\partial x_l}) = P_r - \varepsilon \tag{12}$$

où $P_r = \frac{1}{2}P_{ij}$ est la production d'ECT.

Après report de (10) et (12) dans (11), l'équation algébrique du tenseur des contraintes s'obtient sous la forme :

$$(P_r - \varepsilon)\frac{\overline{u_i u_j}}{k} = P_{ij} - \frac{2}{3}\varepsilon\delta_{ij} + \Phi_{ij} \tag{13}$$

Notons que certains auteurs, tels Demuren et Rodi (1984), adoptent une dégénérescence différente de l'équation de transport des contraintes turbulentes en supposant l'équilibre $P_r \approx \varepsilon$, ce qui d'après (12) conduit à admettre que chaque composante du tenseur de Reynolds résulte d'un équilibre local entre production redistribution et dissipation. Dans nos travaux, nous avons retenu la formulation (13). En conclusion, dans le cadre de la formulation algébrique du tenseur de Reynolds, le modèle de turbulence comprend les équations de transport de k et ε données par (12) et (3) et l'expression des contraintes de Reynolds données par (13). C'est la modélisation du terme de redistribution Φ_{ij} et plus précisément de la contribution de l'effet de réflexion des surfaces, qui différencie les modèles entre eux. Nous présentons maintenant les modèles que nous avons mis en œuvre dans nos travaux.

2.3 Modèle des écoulements pleinement développés en canal

2.3.1 Les équations du mouvement moyen en écoulement développé en canal rectiligne.

Nous considérons des écoulements pleinement développés en canal rectangulaire, en charge ou à surface libre, de pente α constante. Dans ce qui suit, comme au chapitre 1, x, y et z sont les coordonnées longitudinale, transversale et verticale ; U, V, W et u, v, w sont respectivement les composantes suivant (x, y, z) de la vitesse moyenne U_i et de la fluctuation de vitesse u_i. Les équations du mouvement moyen sont écrites dans la formulation (U, ψ, Ω) où ψ et Ω sont respectivement la vorticité et la fonction courant des mouvements secondaires de composantes V, W tels que :

$$\Omega = \frac{\partial W}{\partial y} - \frac{\partial V}{\partial z} \ , \quad V = \frac{\partial \Psi}{\partial z} \ , \quad W = -\frac{\partial \Psi}{\partial y} \tag{14}$$

Le système des équations traduisant en moyenne la conservation de la quantité de mouvement s'écrit :

$$V\frac{\partial U}{\partial y} + W\frac{\partial U}{\partial z} = \frac{\partial}{\partial z}(-\overline{uw}) + \frac{\partial}{\partial y}(-\overline{uv}) - \frac{1}{\rho}\frac{dp}{dx} - g\sin\alpha$$
$$\tag{15}$$

$$V\frac{\partial \Omega}{\partial y} + W\frac{\partial \Omega}{\partial z} = -\frac{\partial^2}{\partial y\partial z}(\overline{w^2 - v^2}) - \left(\frac{\partial^2}{\partial z^2} - \frac{\partial^2}{\partial y^2}\right)(\overline{vw}) \tag{16}$$

$$\nabla^2\Psi = -\Omega \tag{17}$$

Dans les équations (15) et (16) la viscosité du fluide est ignorée conformément à l'hypothèse de turbulence développée dans tout le domaine d'écoulement.

2.3.2 Modèles des contraintes de Reynolds mis en œuvre

- *Contraintes de Reynolds en écoulement pleinement développé en canal de section rectangulaire*

Nous retenons l'expression (13) du tenseur de Reynolds, en adoptant la formulation de Gibson et Launder (1978) du terme de redistribution, le terme de réflexion étant modélisé suivant (8) et (9).

Nous explicitons les composantes du tenseur de Reynolds qui interviennent dans le bilan de quantité de mouvement exprimé par les équations (15), (16), (17) dans un canal rectiligne de section rectangulaire. Les résultats sont regroupés dans le tableau 1.

- *Fonctions de proximité de surfaces frontières*

Dans les équations (18) à (24) regroupées dans le tableau 1, la fonction f regroupe les effets de proximité de la paroi du fond du canal, f_{wb}, et de proximité de la surface libre f_{fs}, soit $f = f_{wb} + f_{fs}$.

Gibson et Rodi (1989) ont proposé des expressions algébriques analogues pour f_{wb} et f_{fs} : $f_{wb} = \dfrac{L}{ah}\xi^{-1}(1-\xi)^2$ et $f_{fs} = \dfrac{L}{ah}\xi^2(1-\xi)^{-1}$ (25)

h est la demi hauteur du canal en charge, ou le tirant d'eau du canal ouvert ; $\xi=z/h$ est la coordonnée verticale normalisée par h, a est une constante ; L est une échelle de longueur caractéristiques de structures les plus énergétiques, définie par :

$$L = k^{3/2}/\varepsilon \qquad (26)$$

La fonction f_{wl} traduit l'effet de proximité de la paroi latérale : nous avons exprimé f_{wl} sous une forme équivalente à (25) en limitant cet effet au carré de coin de coté h. Notons $\zeta = y/b$ où b est la demi largeur du canal.

$$1-h/b \leq \zeta \leq 1, \qquad f_{wl} = \frac{Lb}{ah^2}\frac{(1-h/b-\zeta)^2}{(1-\zeta)} \qquad (27\text{-}a)$$

$$0 \leq \zeta \leq 1-h/b, \qquad f_{wl} = 0 \qquad (27\text{-}b)$$

Le modèle des contraintes turbulentes est complété par l'équation de transport de l'E.C.T et du taux de dissipation avec la modélisation optionnelle (4) du terme de production P_ε proposée par Zeman et Lumley (1976), soit :

$$V\frac{\partial k}{\partial y} + W\frac{\partial k}{\partial z} = \frac{\partial}{\partial y}(c_k \frac{\overline{v^2}}{k}\frac{k^2}{\varepsilon}\frac{\partial k}{\partial y}) + \frac{\partial}{\partial z}(c_k \frac{\overline{w^2}}{k}\frac{k^2}{\varepsilon}\frac{\partial k}{\partial z}) + P_r - \varepsilon \qquad (28)$$

$$V\frac{\partial \varepsilon}{\partial y} + W\frac{\partial \varepsilon}{\partial z} = \frac{\partial}{\partial y}(c_\varepsilon \frac{\overline{v^2}}{k}\frac{k^2}{\varepsilon}\frac{\partial \varepsilon}{\partial y}) + \frac{\partial}{\partial z}(c_\varepsilon \frac{\overline{w^2}}{k}\frac{k^2}{\varepsilon}\frac{\partial \varepsilon}{\partial z}) + P_\varepsilon - C_{\varepsilon 2}\frac{\varepsilon^2}{k} \qquad (29)$$

$$P_\varepsilon = C_{\varepsilon 1}\frac{\varepsilon}{k}P_r \quad \text{(standard)}, \quad \text{ou}, \quad P_\varepsilon = 0.47\frac{\varepsilon}{k}P + 3.9\frac{\varepsilon^2}{k}\frac{b_{ij}b_{ij}}{1+1.5\sqrt{b_{ij}b_{ij}}} \quad \text{(Zeman et Lumley)}$$

Tableau 1. Expressions des composantes du tenseur de Reynolds en écoulement développé dans un canal rectiligne de section rectangulaire

---

Contraintes normales

$$\frac{\overline{v^2}}{k} = \frac{\frac{2}{3}(C_1-1)+\frac{2}{3}C_2\frac{P_r}{\varepsilon}[1+c_2'(f-2f_{wl})]+c_1'\frac{\overline{w^2}}{k}f}{C_1+\frac{P_r}{\varepsilon}-1+2c_1'f_{wl}} + \frac{G_{v,ES}}{C_1+\frac{P_r}{\varepsilon}-1+2c_1'f_{wl}} \tag{18}$$

$$\frac{\overline{w^2}}{k} = \frac{\frac{2}{3}(C_1-1)+\frac{2}{3}C_2\frac{P_r}{\varepsilon}[1+c_2'(f_{wl}-2f)]+c_1'\frac{\overline{v^2}}{k}f_{wl}}{C_1+\frac{P_r}{\varepsilon}-1+2c_1'f} + \frac{G_{w,ES}}{C_1+\frac{P_r}{\varepsilon}-1+2c_1'f} \tag{19}$$

$$\frac{\overline{u^2}}{k} = 1 - 0.5(\frac{\overline{v^2}}{k}+\frac{\overline{w^2}}{k}) \tag{20}$$

$$\begin{aligned}
G_{v,ES} &= -2[\frac{\overline{vw}}{k}[(1-C_2+2C_2c_2'f_{wl})\frac{k}{\varepsilon}\frac{\partial V}{\partial z} \\
&-(C_2c_2'f)\frac{k}{\varepsilon}\frac{\partial W}{\partial y}]+\frac{\overline{w^2}}{k}[(-C_2c_2'f)\frac{k}{\varepsilon}\frac{\partial W}{\partial z}] \\
&+\frac{\overline{v^2}}{k}[1-C_2(1+2c_2'f_{wl})]\frac{k}{\varepsilon}\frac{\partial V}{\partial y}]
\end{aligned}$$

$$\begin{aligned}
G_{w,ES} &= -2[\frac{\overline{vw}}{k}[(1-C_2+2C_2c_2'f)\frac{k}{\varepsilon}\frac{\partial W}{\partial y} \\
&-(C_2c_2'f_{wl})\frac{k}{\varepsilon}\frac{\partial V}{\partial z}]+\frac{\overline{v^2}}{k}[(-C_2c_2'f_{wl})\frac{k}{\varepsilon}\frac{\partial V}{\partial y}] \\
&+\frac{\overline{w^2}}{k}[1-C_2(1+2c_2'f)]\frac{k}{\varepsilon}\frac{\partial W}{\partial z}]
\end{aligned} \tag{21}$$

Contraintes de cisaillement

$$-\overline{uw} = C_{\mu z}\frac{k^2}{\varepsilon}\frac{\partial U}{\partial z} \tag{22-a}$$

$$-\overline{uv} = C_{\mu y}\frac{k^2}{\varepsilon}\frac{\partial U}{\partial y} \tag{23-a}$$

$$C_{\mu z} = A\frac{1-C_2+\frac{3}{2}C_2c_2'f}{C_1+\frac{P_r}{\varepsilon}-1+\frac{3}{2}c_1'f}\frac{\overline{w^2}}{k} \tag{22-b}$$

$$C_{\mu y} = A\frac{1-C_2+\frac{3}{2}C_2c_2'f_{wl}}{C_1+\frac{P_r}{\varepsilon}-1+\frac{3}{2}c_1'f_{wl}}\frac{\overline{v^2}}{k} \tag{23-b}$$

$$-\overline{vw} = C_{\mu y}^{(vw)}\frac{k^2}{\varepsilon}\frac{\partial V}{\partial z}+C_{\mu z}^{(vw)}\frac{k^2}{\varepsilon}\frac{\partial W}{\partial y} \tag{24-a}$$

$$C_{\mu y}^{(vw)} = \frac{1-C_2+\frac{3}{2}C_2c_2'(f+f_{wl})}{C_1+\widehat{P}-1+\frac{3}{2}c_1'(f+f_{wl})}\frac{\overline{v^2}}{k}$$

$$C_{\mu z}^{(vw)} = \frac{1-C_2+\frac{3}{2}C_2c_2'(f+f_{wl})}{C_1+\widehat{P}-1+\frac{3}{2}c_1'(f+f_{wl})}\frac{\overline{w^2}}{k} \tag{24-b}$$

L'ensemble des équations (18) à (29) définit le modèle des tensions de Reynolds que nous désignons par la suite comme version algébrique du modèle de Gibson et Rodi (par référence à la formulation des fonctions de proximité) ou encore, modèle de Gibson et Rodi.

Dans les expressions des contraintes de Reynolds apparaissent les constantes C_1, C_2, c'_1, c'_2, a, dont les valeurs standard sont données dans le tableau 2. Nous avons introduit la constante A dans les expressions des paramètres de diffusion $C_{\mu z}$ et $C_{\mu y}$ des contraintes de cisaillement $\overline{uw}$ et $\overline{uv}$.

Dans le modèle de Gibson et Rodi, A=1. Dans les applications présentées par la suite, il est nécessaire d'ajuster la valeur de A pour restituer le bon niveau de turbulence dans la zone de paroi.

Tableau 2. Valeurs des constantes du modèle

C_1	C_2	c'_1	c'_2	a	$C_{\varepsilon 1}$	$C_{\varepsilon 2}$	c_k	c_ε
1.8	0.6	0.5	0.3	3.18	1.44	1.92	0.22	0.18

- *Simplifications du modèle de Gibson et Rodi*

Les problèmes rencontrés dans les applications pour restituer simultanément les bons niveaux d'intensité turbulente et d'intensité des vitesses des écoulements secondaires nous ont conduit à introduire des simplifications dans la formulation des contraintes normales (18) et (19). Ces simplifications portent sur les fonctions des gradients des vitesses secondaires $G_{v,ES}$ et $G_{w,ES}$ données par (20). Reprenant une hypothèse du modèle de Naot et Rodi (1982), nous posons :

$$\frac{G_{v,ES}}{C_1 + \dfrac{P_r}{\varepsilon} - 1 + 2c'_1 f_{wl}} = -2C_{\mu 0}\frac{k^2}{\varepsilon}\frac{\partial V}{\partial y} \qquad \frac{G_{w,ES}}{C_1 + \dfrac{P_r}{\varepsilon} - 1 + 2c'_1 f} = -2C_{\mu 0}\frac{k^2}{\varepsilon}\frac{\partial W}{\partial z} \qquad (30)$$

De même nous adoptons une expression simplifiée de la contrainte donnée par (24) en posant :

$C^{(vw)}_{\mu y} = C^{(vw)}_{\mu z} = C_{\mu 0} = \text{constante}$. D'où l'expression :

$$-\overline{vw} = C_{\mu 0}\frac{k^2}{\varepsilon}(\frac{\partial V}{\partial z} + \frac{\partial W}{\partial y}) \qquad (31)$$

Le modèle de Gibson et Rodi avec les hypothèses supplémentaires (30) et (31) est désigné par la suite comme le « **modèle simplifié de Gibson et Rodi** ».

Dans le modèle de Gibson et Rodi et dans sa version simplifiée, les paramètres de diffusion $C_{\mu z}$ et $C_{\mu y}$, donnés par (22-b) et (23-b) sont variables. On a également testé une version du modèle simplifié en posant : $C_{\mu z} = C_{\mu y} = C_{\mu 0}$ (32)

Par la suite nous désignons ce modèle comme le « **modèle de Gibson et Rodi à Cµ constant** »

Le modèle de Gibson et Rodi à C_μ constant est en fait le modèle standard où les contraintes de cisaillement sont modélisées suivant l'hypothèse de Boussinesq. Par contre le modèle des contraintes normales restitue de l'anisotropie de la turbulence.

2.4 Conditions aux limites

Il faut expliciter les conditions aux limites à la paroi et à la surface libre pour les variables primaires associées à la formulation du modèle qui sont : la vitesse moyenne longitudinale U, l'énergie cinétique turbulente k, le taux de dissipation ε par le mouvement fluctuant, la vorticité Ω et la fonction courant Ψ des mouvements secondaires.

2.4.1 Conditions aux limites à la paroi

Compte tenu de l'hypothèse de turbulence développée, les conditions aux limites à la paroi du fond ou aux parois latérales sont imposées à une distance d_n à partir de laquelle la loi logarithmique est vérifiée ainsi que l'équilibre production - dissipation. Pour formuler la loi logarithmique pour des parois de rugosité variable deux formulations équivalentes sont possibles, soit en nombre de Reynolds soit en termes de rugosité :

Formulation en nombre de Reynolds : $\dfrac{U}{u^*} = \dfrac{1}{\kappa} Ln[\dfrac{u^*(z+z_0)}{\nu}] + C(K_S^+)$ (33)

Formulation en termes de rugosité : $\dfrac{U}{u^*} = \dfrac{1}{\kappa} Ln(\dfrac{z+z_0}{K_s}) + B(K_S^+)$ (34)

Les deux fonctions C et B du nombre de rugosité, $K_S^+ = \dfrac{u^* K_s}{\nu}$ vérifient la relation :

$B(K_S^+) = C(K_S^+) + \kappa^{-1} Ln(K_S^+)$ (35)

En régime lisse ou pleinement rugueux, les fonctions $C(K_S^+)$ et $B(K_S^+)$ sont définies par :

Régime lisse : $\qquad$ $K_S^+ \to 1,\, B \to C = C_s = 5.1\,\text{à}\,5.3$ $\qquad$ (36-a)

Régime pleinement rugueux : $\quad K_S^+ \to \infty,\, B \to 8.5,\, C \to 8.5 - \kappa^{-1}Ln(K_S^+)$ $\quad$ (36-b)

En régime intermédiaire, il existe des formulations à peu près équivalentes, acceptables dans la mesure où la référence aux expériences de Nikuradse (rugosités de sable) reste valable. Nous avons déjà donné au chapitre 1 l'expression (4-c) de Ligrani et Moffat (1986). Naot & Emrani (1983) ont utilisé une expression qui donne des résultats comparables :

$$C(K_S^+) = \kappa^{-1}Ln\left(\frac{9}{1+(0.3K_S^+)/(1+20/K_S^+)}\right) \qquad (37)$$

Dans nos travaux de thèse, rappelés au chapitre 6, nous avons utilisé une expression déduite par Suzanne (1985) de la loi de frottement de Colebrook sous la forme :

$$C(K_S^+) = 8.5 - \frac{1}{\kappa}Ln(K_s^+ + 3.32) \qquad (38)$$

La connaissance de la rugosité géométrique K_s et éventuellement de sa distribution le long des parois détermine la vitesse à la paroi, à $z = d_n$, en fonction de la vitesse de frottement par une des lois logarithmiques (33) ou (34) et une des expressions de la fonction de rugosité.

Par contre dans l'expérience réalisée par Labiod (2005) à l'IMFT, il n'est pas possible de déterminer K_s à priori : l'interprétation des profils de vitesse expérimentaux a permis de déterminer la fonction de rugosité $C(K_S^+)$ et le décalage z_0 de l'origine de la loi logarithmique qui seront injectés dans (33).

Considérant que la zone logarithmique coïncide avec la zone d'équilibre Production = Dissipation les conditions aux limites pour k et ε sont les conditions standard :

$$k = C_{\mu z}^{-0.5}u^{*2}\,,\quad \varepsilon = u^{*3}/\kappa\, d_n \qquad (39)$$

La distance d_n où l'on impose les conditions de paroi est telle que $d_n^+ = \dfrac{u^* d_n}{\nu} > 50$ si la paroi est lisse. Lorsque la paroi est rugueuse, d_n représentant la distance par rapport au sommet des rugosités, la valeur seuil de d_n dépendra du type de rugosité, de sa valeur et du décalage de l'origine de la loi logarithmique.

Les conditions de paroi pour la fonction de courant et la vorticité, à une distance d_n, sont :

$$\psi = 0 \qquad \Omega = 0 \qquad (40)$$

2.4.2 Conditions aux limites à la surface libre

À la surface libre $(z = h)$, les conditions limites pour U, k, ε, sont des conditions de symétrie : $z = h, \ \dfrac{\partial U}{\partial y} = \dfrac{\partial k}{\partial y} = \dfrac{\partial \varepsilon}{\partial y} = 0$ \hfill (41)

Pour l'écoulement secondaire, on adopte les conditions (40).

Ces conditions sont également appliquées au centre du canal en charge.

Dans le cas de l'écoulement à surface libre, nous avons observé que la condition $\dfrac{\partial \varepsilon}{\partial y} = 0$ ne restitue pas, même avec la modélisation de Zeman et Lumley, correctement l'évolution transversale du taux de dissipation et de l'échelle de longueur L. Nous avons appliqué la condition limite proposée par Naot et Rodi (1984) :

$$z = h, \ \varepsilon = \kappa^{-1} C_\mu^{\,3/4} k_s^{\,3/2} \left(\frac{1}{0.2h} + \frac{1}{b-y} \right) \hspace{2cm} (42)$$

b étant la demi largeur du canal, $b-y$ est la distance à la paroi latérale.

2.4.3 Résolution numérique

Les équations de U, Ψ, Ω, k , ε, (15), (16), (17), (28) et (29) sont discrétisées par une méthode de volume fini avec un maillage rectangulaire constant $(\Delta y, \ \Delta z)$. Le domaine d'intégration est la demi section du canal, définie par le tirant d'eau h, la demi largeur b, la pente $I = \sin\alpha$ du canal. La résolution itérative du système matriciel ainsi obtenu s'appuie sur la méthode de Stone. Le calcul itératif inclus également le calcul de la vitesse de frottement u^* à la paroi.

2.5 Applications à la simulation d'écoulements en charge et à surface libre

Avant d'appliquer les modèles que nous venons de définir aux expériences réalisées à l'IMFT avec un fort contraste de rugosité, nous avons testé ces modèles en nous référant à des résultats expérimentaux disponibles dans la littérature et qui ont déjà fait l'objet de simulations. La première application concerne des écoulements à surface libre, pleinement développés et parallèles.

2.5.1 Écoulement parallèle au-dessus d'un fond lisse ou rugueux

Nous faisons état de l'application à deux écoulements où la vitesse moyenne et les contraintes de Reynolds ont été mesurées au centre d'un canal de rapport de forme $2b/h > 5$. Un écoulement correspond à une des expériences de Nézu et Rodi (1986), notée P3, dans un canal à parois lisses. L'autre écoulement correspond à l'expérience E_0 de Labiod réalisée avec la rugosité périodique décrite au chapitre 1 ; mais dans cet essai, la rugosité occupe toute la paroi du fond. Dans les conditions de ces deux expériences, la structure de l'écoulement au centre du canal peut être considérée comme parallèle, peu influencée par les écoulements secondaires de coin.

Dans cette configuration d'écoulement, sans écoulement secondaire, le, modèle de Gibson et Rodi et sa version simplifiée sont identiques. Le modèle de Gibson et Rodi a été appliqué avec les valeurs des constantes définies dans le tableau 2 et deux valeurs différentes de la constante A d'ajustement du paramètre de diffusion $C_{\mu z}$ dans (22-b). Nous avons également appliqué le Modèle à $C\mu$ constant. Ces trois simulations sont désignées par les notations suivantes :

Mod I   Modèle de Gibson et Rodi   A=1

Mod II   Modèle de Gibson et Rodi   A=0.65

Mod III   Modèle à $C\mu$ constant $C_{\mu z} = \text{constante} = 0.055$

Sur la figure 1, nous présentons les profils des fluctuations longitudinales et verticales, $\overline{u^2}$ et $\overline{w^2}$, normalisées par la vitesse de frottement u* en fonction de ξ.

Cette figure montre clairement que le modèle de Gibson et Rodi avec A=1, Mod I, sous estime nettement l'intensité turbulente dans la zone de paroi : la sous estimation de $C_{\mu z}$ entraîne une sous estimation de la contrainte de cisaillement à l'origine du déficit de production de turbulence. Le fait que les deux composantes $\overline{u^2}$ et $\overline{w^2}$ soient sous estimées indique bien qu'il s'agit bien d'un déficit de production de turbulence et non d'un défaut de redistribution entre les composantes. D'ailleurs avec A=0.65, le modèle restitue les profils des deux composantes de façon très satisfaisante.

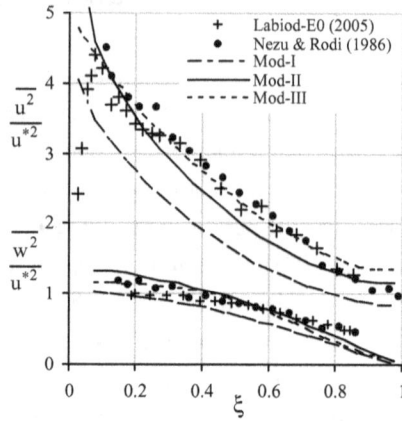

Fig.1. Fluctuations longitudinale et verticale de vitesse en écoulement à surface libre

Il en est de même avec la simulation Mod III, avec le modèle à Cμ constant. Mod III. Nous avons appliqué ce modèle à la simulation d'écoulements non parallèles, pleinement développés en canal en charge et à surface libre, avec différentes configurations des rugosités de la paroi du fond.

2.5.2 Écoulements en charge ou à surface libre sur fond lisse

Nous avons réalisé des simulations de l'écoulement dans un coin carré et nous les avons confrontées aux résultats expérimentaux de Nezu et Nakagawa (1984), Lundt (1977), Donald et al (1984), Eppich (1982) dans des canaux carrés, en charge et aux résultats de Nezu et Rodi (1985) dans des écoulements à surface libre
Sur les figures 2 et 3, nous présentons les champs de vitesse des écoulements secondaires en canaux en charge et à surface libre. L'accord entre résultats expérimentaux et simulés est relativement bon, avec une importante différence entre canal en charge et à surface libre.

50

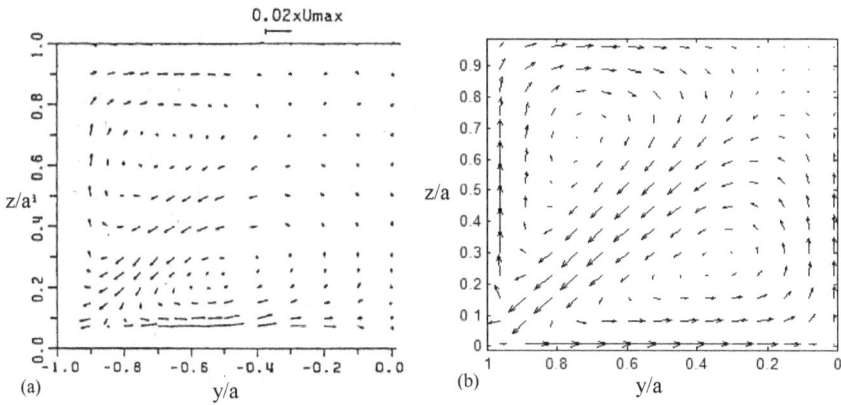

Fig 2. Circulations des écoulements secondaires en canal en charge :
(a) mesurées par Nezu Nakagawa (1984)   (b) Simulation Mod III

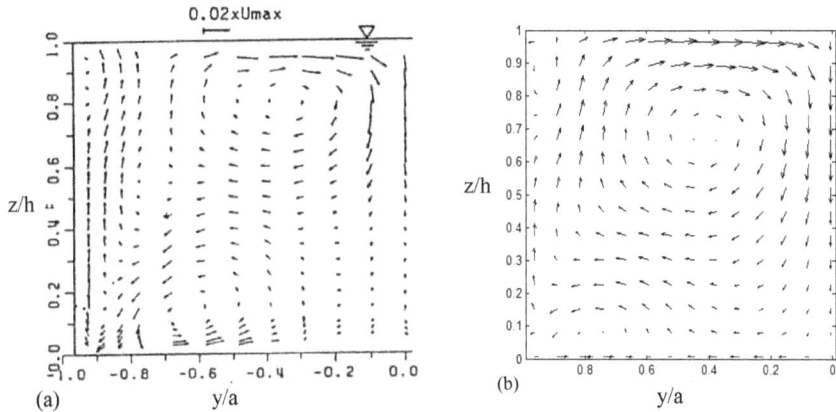

Fig. 3 Circulations des écoulements secondaires en canal à surface libre :
(a) expériences de Nézu & Rodi 1985 ; (b) simulation Mod-III

La différence entre la structure des écoulements secondaires dans l'écoulement en charge et l'écoulement à surface libre résulte de la différence de l'évolution du gradient d'anisotropie, $\frac{\partial}{\partial z}(\overline{w^2} - \overline{v^2})$, dans le voisinage de l'axe du canal fermé et de son évolution dans le voisinage de la surface libre comme indiqué sur la figure 4 : il s'agit en effet du terme source de vorticité dans l'équation (16). On observe

51

également sur cette figure, que le modèle fondé sur l'équation de transport du tenseur de Reynolds surestime les termes d'anisotropie.

Sur la figure 5, nous pouvons voir que la prédiction de la contrainte de cisaillement à la paroi est relativement satisfaisante à la fois pour le canal en charge et le canal à surface libre.

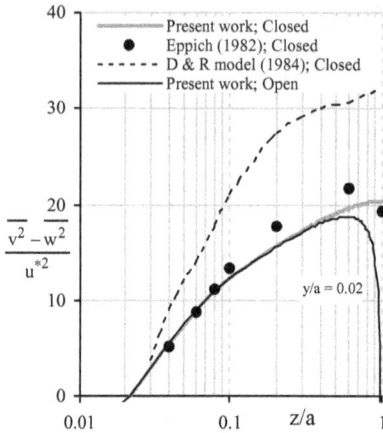

Fig. 4 Anisotropie de la Turbulence en canal carré en charge et à surface libre avec 2b/h=2

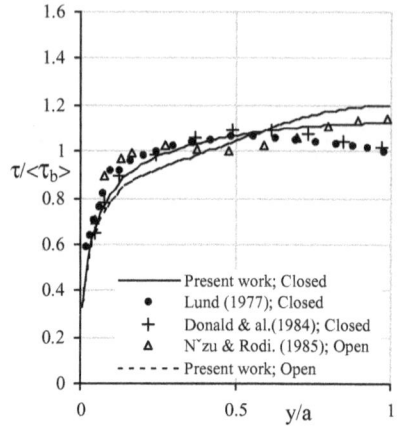

Fig. 5 Contrainte de cisaillement à la paroi du fond

2.5.3 L'expérience de Hinze (1973)

L'expérience de Hinze (1973) a été réalisée dans un canal de section rectangulaire en charge dont une paroi présente un changement brusque de rugosité (fig. 6-a). Elle a été utilisée comme expérience test dans de nombreux travaux de modélisation et nous lui avons appliqué le modèle à Cμ constant.

Dans cette expérience réalisée en canal en charge partiellement rugueux, Hinze a mesuré la vitesse moyenne sur l'axe et déterminé les iso vitesses, (fig6), les profils des contraintes de Reynolds (fig 7), et la composante verticale des E.S (fig 8) au centre du canal. Nous notons que le modèle simplifié Mod III donne des résultats très voisins des résultats de Launder et Li (1994) ou de Naimi et Gessner (1997) obtenus avec des modèles plus complexes.

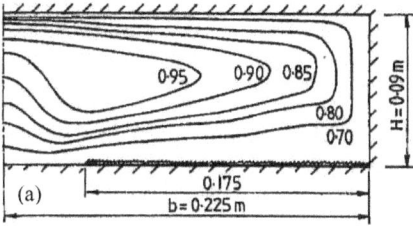

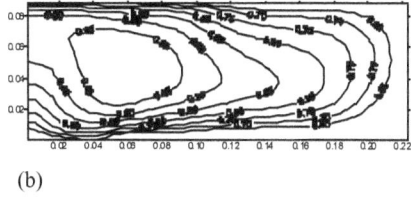

Fig. 6. Isovitesses U/Umax =constante en canal en charge partiellement rugueux :
(a) expérience de Hinze   (b) simulation Mod III

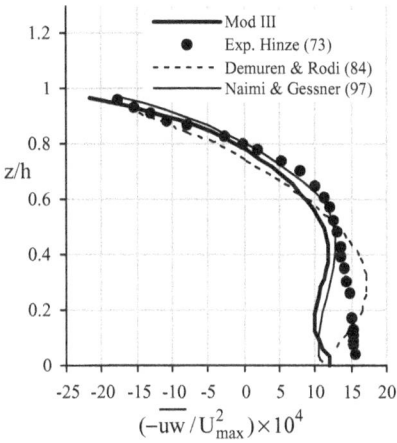

Fig. 7 Contraintes turbulentes de
cisaillement sur l'axe du canal

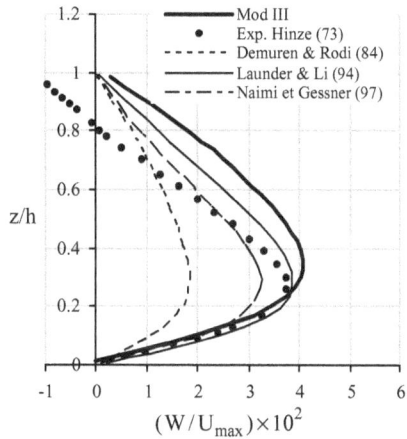

Fig. 8 Composante verticale de la vitesse
moyenne sur l'axe du canal

2.6 Conclusion

Dans ce chapitre, nous avons présenté les fondements des modélisations que nous avons établies à partir de la formulation algébrique du modèle de Gibson et Launder (1978). Nous avons introduit les expressions des fonctions de proximité des parois et de la surface libre, proposées par Gibson et Rodi (1989), en les adaptant au canal de section rectangulaire. Nous avons défini des versions simplifiées du modèle complet en introduisant des hypothèses supplémentaires sur les termes liés aux gradients des vitesses de l'écoulement secondaire et sur les paramètres de diffusion dans les expressions des composantes du tenseur de Reynolds. La mise en œuvre des modèles pour calculer des écoulements parallèles (1D-vertical) ont montré qu'il était nécessaire d'ajuster les contraintes de cisaillement dans le modèle général pour obtenir le bon niveau de production de turbulence et, en conséquence, d'intensité turbulente près de la paroi. Dans ces conditions, la formulation du modèle à $C\mu$ constant donne des résultats équivalents. Les simulations numériques de quelques expériences de référence, en présence d'écoulements secondaires ont montré que cette version donnait des résultats comparables à des simulations mises en œuvre par d'autres auteurs avec des modèles de transport des contraintes de Reynolds plus sophistiqués.

Chapitre 3

Ecoulements à surface libre au-dessus

d'une brusque variation de rugosité

3.1 Introduction

Dans ce chapitre nous abordons sous l'angle de la modélisation les expériences réalisées à l'IMF par C.Labiod. Dans un premier temps, nous avons développé une analyse asymptotique du modèle de Gibson et Rodi dans la zone d'équilibre et dans le voisinage de la surface. L'objectif était d'interpréter l'évolution du champ de vitesse moyenne et des composantes du tenseur de Reynolds mise en évidence dans l'Essai EI de C.Labiod, présenté au chapitre 1. Le second objectif était de tester la capacité du modèle des tensions de Reynolds à rendre compte de l'anisotropie de la turbulence près de la paroi et sous la surface libre.

Nous présentons ensuite les résultats des simulations numériques des Essais EI et EII.

3.2 Solutions asymptotiques du modèle de Gibson et Rodi dans la zone de paroi et sous la surface libre

Les équations du modèle ont été présentées au chapitre 2, le modèle des tensions de Reynolds étant le modèle de Gibson et Rodi simplifié complété par les équations de l'énergie cinétique turbulente k et du taux de dissipation ε.

3.2.1 Zone de paroi

La zone d'étude est la zone d'équilibre production dissipation. L'équation de k se réduit ainsi à l'équation :

$$P_r = \varepsilon \qquad (1)$$

En négligeant la production de turbulence par les E.S dans la zone d'équilibre, le terme de production s'exprime en fonction des gradients vertical et transversal de U :

$$P_r = -\overline{uw}\frac{\partial U}{\partial Z} - \overline{uv}\frac{\partial U}{\partial y} = -\overline{uw}\frac{\partial U}{\partial Z}(1 + R_P) \tag{2}$$

où le rapport de production R_P est défini par :

$$R_P = (-\overline{uv}\frac{\partial U}{\partial y})/(-\overline{uw}\frac{\partial U}{\partial Z}). \tag{3}$$

D'après les équations (22-a) et (23-b) du chapitre 2, les contraintes de cisaillement sont données par

$$-\overline{uw} = C_{\mu z}\frac{k^2}{\varepsilon}\frac{\partial U}{\partial z} \tag{4-a}$$

$$-\overline{uv} = C_{\mu y}\frac{k^2}{\varepsilon}\frac{\partial U}{\partial y} \tag{4-b}$$

Le rapport R_P peut être exprimé à partir des équations (22-a) et (23-b) du chapitre 2, sous la forme :

$$R_P = \frac{C_{\mu y}}{C_{\mu z}}R_S, \text{ avec } R_S = (\frac{\partial U}{\partial y}/\frac{\partial U}{\partial Z})^2 \tag{5}$$

R_S est le rapport du cisaillement transversal au cisaillement vertical.

Puisque la zone d'équilibre et la zone logarithmique se recoupent, on peut calculer $\partial U/\partial Z$ et R_S sous la forme :

$$\frac{\partial U^+}{\partial \xi} = \frac{1}{\kappa \xi} \tag{6-a}$$

$$R_S = (\frac{\partial U}{\partial y}/\frac{\partial U}{\partial Z})^2 = \kappa^2(\frac{h}{B})^2\left[(U^+ + \frac{1}{\kappa})\frac{1}{u^*}\frac{\partial u^*}{\partial \zeta} + \frac{\partial C}{\partial \zeta}\right]^2 \xi^2 \tag{6-b}$$

À partir des équations précédentes il est aisé de déterminer les expressions asymptotiques de k et ε dans la zone de paroi :

$$k^+ = \frac{k}{u^{*2}} = C_{\mu z}^{-1}(1 + \frac{C_{\mu y}}{C_{\mu z}}R_S)^{0.5}(\frac{-\overline{uw}}{u^{*2}}) \tag{7}$$

$$\varepsilon^+ = \frac{\varepsilon h}{u^{*3}} = (1 + \frac{C_{\mu y}}{C_{\mu z}}R_S)(\frac{-\overline{uw}}{u^{*2}})(\kappa \xi)^{-1} \tag{8}$$

Les paramètres de diffusion $C_{\mu z}$ et $C_{\mu y}$ et les composantes normales $\overline{v^2}/k$ et $\overline{w^2}/k$ sont donnés par les expressions du tableau 1, chapitre 2, en ne considérant que la zone non influencée par la paroi latérale où $f_{wl} = 0$, soit :

$$C_{\mu z} = A \frac{1 - C_2 + \frac{3}{2}C_2 c_2' f}{C_1 + \frac{P_r}{\varepsilon} - 1 + \frac{3}{2}c_1' f} \frac{\overline{w^2}}{k} \qquad\qquad C_{\mu y} = A \frac{1 - C_2}{C_1 + \frac{P_r}{\varepsilon} - 1} \frac{\overline{v^2}}{k} \qquad (9)$$

$$\frac{\overline{w^2}}{k} = \frac{2}{3} \frac{(C_1 - 1) + C_2 \frac{P_r}{\varepsilon}(1 - 2c_2' f)}{C_1 + \frac{P_r}{\varepsilon} - 1 + 2c_1' f} \qquad \frac{\overline{v^2}}{k} = \frac{2}{3} \frac{(C_1 - 1) + C_2 \frac{P_r}{\varepsilon}(1 + c_2' f)}{C_1 + \frac{P_r}{\varepsilon} - 1} + \frac{c_1'}{C_1 + \frac{P_r}{\varepsilon} - 1} \frac{\overline{w^2}}{k} f \qquad (10)$$

Les effets de proximité de la paroi du fond et de la surface libre sont regroupés dans la fonction f qui s'écrit aussi :

$$f = \frac{k^{+3/2}}{a\varepsilon^+} \left[\xi^{-1}(1 - \xi)^2 + \xi^2(1 - \xi)^{-1} \right] \qquad (11)$$

Cette solution est appliquée aux résultats expérimentaux de l'essai EI de la manière suivante : La contrainte de cisaillement est donnée par le lissage linéaire des profils expérimentaux dans la zone de paroi, $-\overline{uw}/u^{*2} = 1 - \alpha\xi$, où $\alpha \neq 1$ traduit l'effet du transport advectif de quantité de mouvement par les écoulements secondaires. D'autre part, les lissages des profils transversaux de la vitesse de frottement à la paroi du fond et de la fonction de rugosité C, (fig.2 et 3 du chap. 1) sont injectés dans (6-b) pour calculer le rapport de frottement R_S : La figure 1 présente des profils verticaux ainsi obtenus suivant quelques transversales.

Les équations (7) à (11) sont alors résolues par itération des valeurs de $C_{\mu z}$ et $C_{\mu y}$.

En résumé, cette solution permet le calcul de l'énergie cinétique turbulente, du taux de dissipation et des composantes normales du tenseur de Reynolds dans la zone d'équilibre en tenant compte des écoulements secondaires à travers deux effets. Il s'agit d'abord de leur effet sur la contrainte de cisaillement turbulent et en conséquence sur la production d'ECT ; en second lieu, est aussi pris en compte l'effet des écoulements secondaires sur le gradient transversal de la vitesse que nous évaluons à partir de la distribution transversale de la fonction de rugosité et de la vitesse de frottement à la paroi, déterminées expérimentalement.

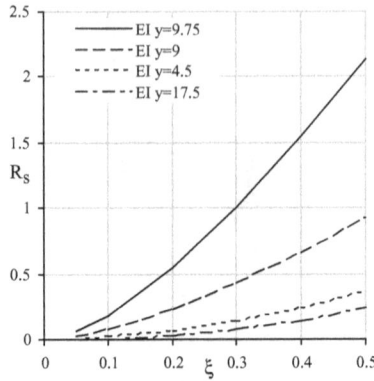

Fig.1 Profils verticaux de R_S dans l'essai EI

3.2.2 Zone de la surface libre

Près de la surface libre, la production de turbulence décroît et l'énergie cinétique turbulente est principalement contrôlée par le transport et la dissipation locale. Nous avons établi une solution de l'ECT en faisant l'hypothèse d'un écoulement parallèle et d'une échelle de longueur turbulente $L = k^{3/2}/\varepsilon$ constante dans le voisinage de la surface libre, cette dernière hypothèse se justifiant dans le cas d'un équilibre diffusion - dissipation. Soit L_s la valeur de L à la surface libre, nous posons :

$$L^+ = k^{+3/2}/\varepsilon^+ = \frac{L_s}{h} = L_s^+ \tag{12}$$

Le développement de cette solution, présenté en détail dans Labiod (2005), conduit aux résultats suivants :

$$k^+ = \frac{k}{u^{*2}} = \frac{k_s}{u^{*2}} \left[ch(\frac{1-\xi}{l_s^+}) - 2\beta sh^2(\frac{1-\xi}{2l_s^+}) + \frac{\beta}{2}(\frac{1-\xi}{l_s^+})^2 \right]^{2/3}$$

$$(13)$$

$$\varepsilon^+ = \frac{\varepsilon h}{u^{*3}} = \frac{k^{+3/2}}{L_s^+} = \frac{k_s^{+3/2}}{L_s^+} \left[ch(\frac{1-\xi}{l_s^+}) - 2\beta sh^2(\frac{1-\xi}{2l_s^+}) + \frac{\beta}{2}(\frac{1-\xi}{l_s^+})^2 \right] \tag{14}$$

où :

$$l_s^+ = \sqrt{\frac{2}{3}\frac{C_{\mu s}}{\sigma_{ks}}}\frac{L_s}{h} \text{ et } \beta = \frac{2l_s^{+2}}{C_{\mu s}}\frac{u^{*2}}{k_s^2} \tag{15}$$

La solution (13) et (14) permet de déterminer les profils verticaux de $\overline{u^2}/u^{*2}$ et $\overline{w^2}/u^{*2}$ près de la surface libre quand les valeurs des paramètres $k_s^+ = k_s/u^{*2}$ (ECT à la surface) et L_s/h sont déterminés de façon à restituer le profil expérimental de $\overline{u^2}/u^{*2}$ près de la surface libre.

3.2.3 Application des solutions asymptotiques à l'essai EI

Les deux solutions près de la paroi et de la surface libre ont fait l'objet de cinq simulations, notées Sim I à Sim V, avec les valeurs des paramètres et des constantes de modélisation reportées dans le tableau 1.

Table 1. Valeurs des constantes de modélisation et des paramètres
dans la mise en œuvre des solutions asymptotiques

	Zone de paroi			Surface libre				
	A	α	R_P	$C_{\mu s}$	σ_{ks}	k_s^+	L_s^+	a
Sim-I	1	1	0	0.09	0.75	1	0.65	2.49
Sim-II	0.65	1	0	0.045	0.75	1	0.9	4.20
Sim-III	0.75	1	0	0.065	0.75	1	0.75	3.18
Sim-IV	0.75	1	0	0.065	0.75	1.5	1.25	3.18
Sim-V	0.75	2.4	Par(5) et(6-b)	0.065	0.75	1.1	1.8	3.18

Les profils calculés des composantes normales du tenseur de Reynolds, sont présentés sur les figures 2 et 3. Les points expérimentaux portés sur les figures 2 correspondent aux mesures de l'Essai EI suivant la verticale y=17.5 au-dessus de la zone lisse et au profil dans l'axe du canal dans l'essai E0 où la rugosité du fond est homogène : pour ces deux essais, le cisaillement turbulent est linéaire sur tout le tirant d'eau soit $\alpha=1$ dans la zone de paroi. D'autre part le rapport de cisaillement est négligeable et $R_S = 0$. Il en est de même, sur la figure 3, des points mesurés au centre du canal dans l'essai EI. Par contre suivant la verticale y=9 cm la diminution du cisaillement turbulent dans la zone de paroi est importante avec $\alpha=2.4$ et le rapport R_S est non négligeable comme indiqué sur la figure 1. En ce qui concerne la zone de paroi la seule constante d'ajustement porte sur la constante A dans les expressions (9) des paramètres de diffusion. Comme nous l'avons montré au chapitre 2, il faut adopter une valeur A<1 pour obtenir les bons niveaux d'intensité turbulente. En conclusion, la figure 1 montre que le modèle reproduit bien les composantes normales du tenseur de Reynolds dans la zone de paroi en mettant bien en évidence sur la figure 3 l'effet de la diminution de la production de turbulence sur $\overline{u^2}/u^{*2}$ et $\overline{w^2}/u^{*2}$.

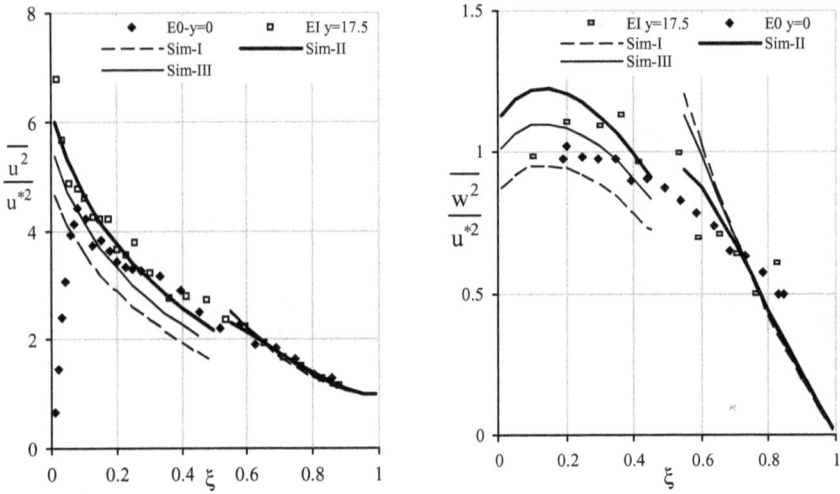

Fig. 2 Fluctuations longitudinales et verticales quand $\alpha=1$

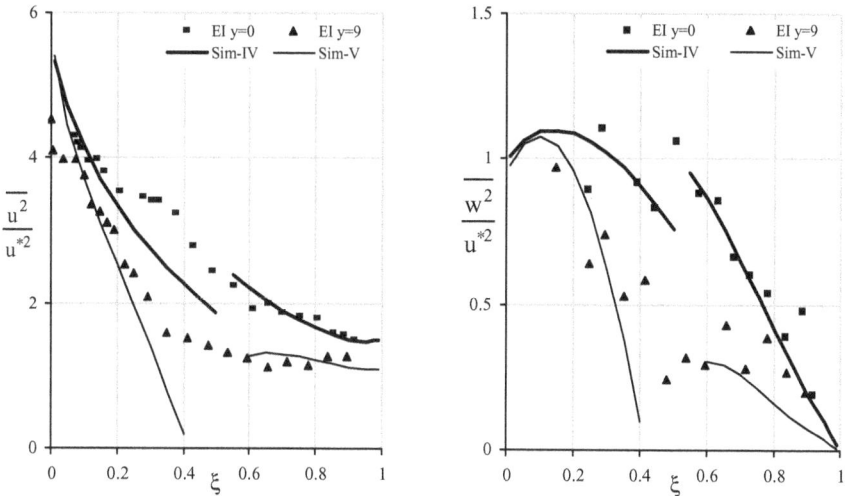

Fig. 3 Fluctuations longitudinales et verticales : effets de la diminution de la production de turbulence

Dans le voisinage de la surface libre, la portée de la solution analytique est moindre dans la mesure où le transport par les écoulements secondaires n'est pas pris en compte dans le bilan d'ECT. Les paramètres d'ajustement de la solution sont l'ECT k_s^+ et l'échelle de longueur L_s^+ à la surface. On observe sur les figures 2 et 3 qu'après ajustement de ces paramètres pour reproduire le profil de $\overline{u^2}/u^{*2}$, le calcul restitue de façon acceptable l'évolution de la composante verticale $\overline{w^2}/u^{*2}$. Ce résultat est important car il valide notamment la formulation de la fonction de proximité de la surface libre proposée par Gibson et Rodi (1989).

Néanmoins l'étude analytique que nous venons de présenter ne permet pas de juger des capacités prédictives des modèles pour calculer les écoulements secondaires et les contraintes de cisaillement qui en découlent. Pour cela il faut mettre en œuvre des simulations numériques des différents modèles.

3.3 Simulations numériques des expériences réalisées à l'IMFT
3.3.1 Position du problème

Les expériences de C.Labiod à l'IMFT ont permis d'établir une base de données pour deux écoulements au-dessus d'un changement brusque de rugosité caractérisé par la distribution de la fonction du nombre de rugosité $C(K_s^+)$ et le décalage z_0 de l'origine de la loi logarithmique. Sur la figure 4, les profils de C et z_0 sont reportés, ainsi que leurs lissages qui définissent l'état de rugosité de la paroi pour définir les conditions aux limites dans les simulations de l'essai EI ou EII. La connaissance des distributions $C(\zeta)$ et $z_0(\zeta)$ détermine en effet l'ensemble des conditions aux limites détaillées au chapitre 2, équations (33) et (39) à (42).

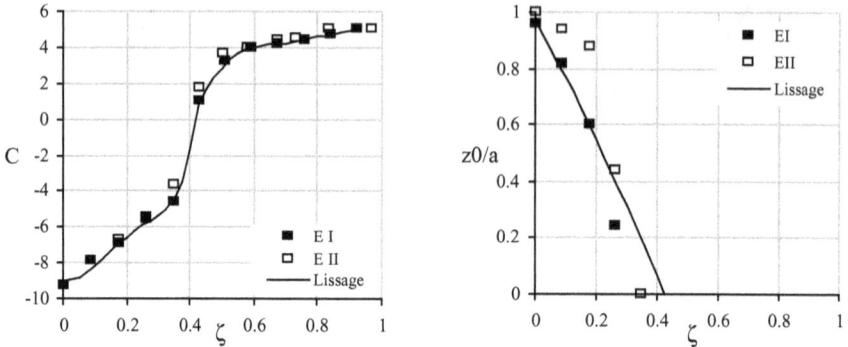

Fig. 4 Profils transversaux de la fonction de la rugosité C, et du décalage z_0

3.3.2 Simulations de l'essai EI

Nous avons mis en œuvre les différentes versions de la version algébrique du modèle de Gibson et Rodi présentée au Chapitre 2. Dans sa thèse, Zaouali (2008) présente un ensemble très complet des tests de ces modèles dans les simulations de l'essai EI. La principale conclusion de ce travail est de montrer que le modèle de Gibson à Cμ constant, (dénoté Mod III), donne les résultats les plus cohérents. En effet, il reproduit les traits caractéristiques de l'organisation des écoulements secondaires et, en conséquence, il restitue, de façon satisfaisante, la distribution des contraintes de cisaillement et les composantes normales du tenseur de Reynolds.

Pour illustrer ce propos, nous présentons quelques résultats relatifs à l'essai EI obtenus avec Mod III en comparant les résultats des calculs, (courbes pour chaque verticale) aux points expérimentaux.

La figure 5 présente la distribution de la vitesse moyenne U au-dessus de la zone rugueuse, courbes (a), et au-dessus de la zone lisse, courbes (b).

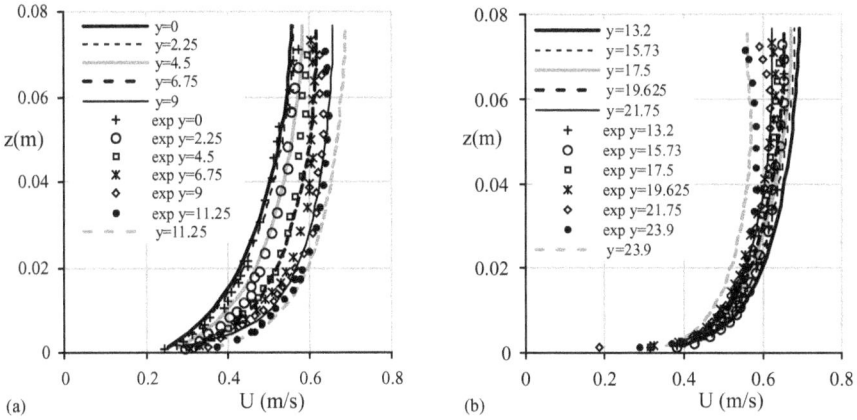

Fig. 5 Profils de vitesse au-dessus de la zone rugueuse (a), et au-dessus de la zone lisse (b).

On observe que la simulation numérique reproduit bien la distribution transversale des profils de vitesse au-dessus de la zone rugueuse où se situe le ralentissement de l'écoulement. Au droit du changement brusque de rugosité, à y=9 cm, la vitesse est très proche de la vitesse au-dessus de la paroi lisse qui ne varie sensiblement qu'à l'approche de la paroi latérale.

Cette restitution convenable de la distribution transversal du débit est confirmé par la figure 6 qui présente l'évolution de la vitesse débitante <U> suivant chaque verticale définie par : $< U > (y) = \frac{1}{h} \int_0^h U(y,z)dz$.

Sur la figure 7, on constate également une bonne prévision, à l'exception de la zone centrale, du coefficient de frottement local $c_f = \frac{\tau_b}{\frac{1}{2}\rho < U >^2} = 2\frac{u^{*2}}{< U >^2}$.

En fait, il s'est avéré que le calcul de la vitesse de frottement u* dans la zone centrale du canal est très sensible à l'organisation du mouvement cellulaire présenté sur la figure 8.

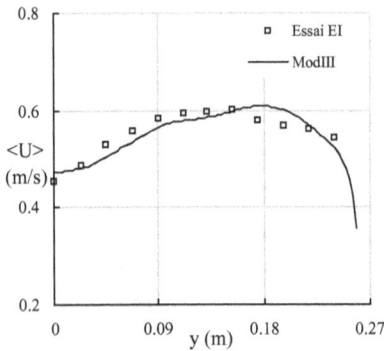

Fig. 6 Distribution de la vitesse débitante
<U>

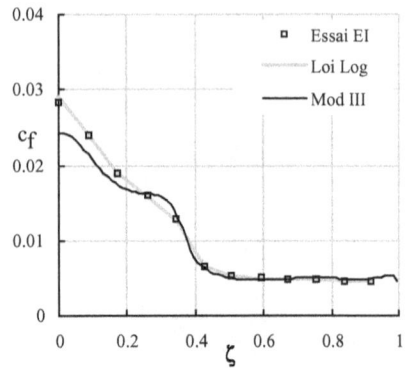

Fig. 7 Distribution du coefficient de
frottement

Sur la figure 8, où sont reportés les vecteurs vitesses (V,W) obtenus dans la simulation, il apparaît une cellule de plus forte intensité, centrée dans la région du changement brusque de rugosité, et logiquement orientée, près de la paroi du fond, de la zone rugueuse vers la zone lisse. Suivant les modèles mis en œuvre, cette cellule peut atteindre le centre du canal où la composante W est alors négative ; elle peut aussi se raccorder à une cellule contrarotative près de la surface libre comme indiqué sur la figure 8, avec W>0. Dans ce cas, la vitesse de frottement est sous estimée et c'est l'inverse quand l'écoulement est descendant sur l'axe central du canal.

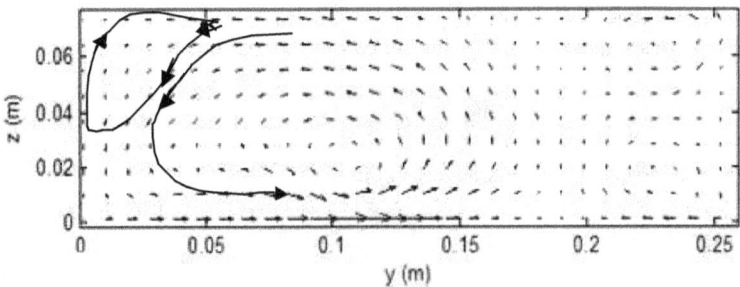

Fig. 8 Organisation des écoulements secondaires

Comme nous l'avons déjà indiquée, la signature la plus marquante de l'organisation des mouvements secondaires se trouve dans la distribution des contraintes de cisaillement : c'est la conséquence du transport de quantité de mouvement dans la direction principale de l'écoulement par le champ de vitesse (V,W) comme indiqué par l'équation (15) du chapitre 2. La figure 9 présente les profils de $\overline{-uw}/u^{*2}$ au centre du canal, au droit du changement de rugosité et au-dessus de la zone lisse. Leur évolution est en bon accord avec la structure des écoulements secondaires avec une prévision correcte de la contrainte de cisaillement notamment dans la zone de paroi.

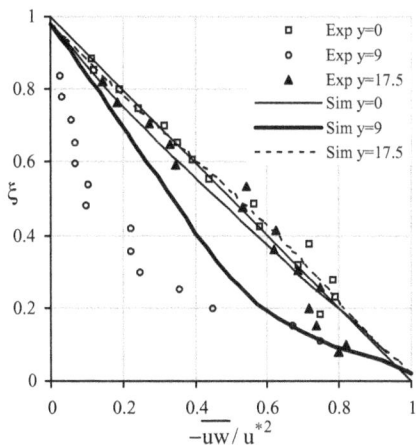

Fig. 9 Contrainte turbulente de cisaillement

Il en résulte une prédiction satisfaisante de la production de turbulence dans la zone de paroi et un rendu satisfaisant de l'évolution verticale et transversale des profils de $\overline{u^2}/u^{*2}$ et $\overline{w^2}/u^{*2}$.

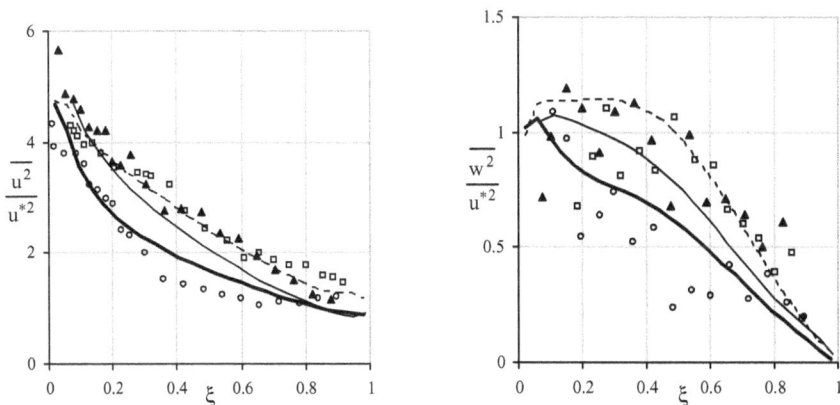

Fig. 10 Composantes normales du tenseur de Reynolds (avec les notations de la figure 9).

3.3.3 Simulations de l'essai EII

Sur la figure 11 nous donnons des résultats de simulation de l'Essai E II. Dans cet essai le tirant d'eau est plus petit que dans l'essai EI, (5 cm au lieu de 8 cm), et, sur la figure 11, on observe un nombre de cellules d'écoulements secondaires plus important. En fait, les équations de quantité de mouvement des écoulements secondaires, formulées en (Ψ, Ω), présentent une analogie formelle avec les équations de la convection naturelle dans une cavité rectangulaire et on retrouve la tendance de sélections de cellules convectives tendant vers une forme carrée correspondant à des conditions de plus grande stabilité.

On observe également que la distribution de la vitesse de frottement sur la paroi est assez bien restituée avec cependant des écoulements secondaires trop intenses près de la paroi latérale. Malheureusement dans cette expérience la contrainte turbulente de cisaillement n'a pas été mesurée et il est difficile d'évaluer l'effet des écoulements secondaires sur la production de turbulence.

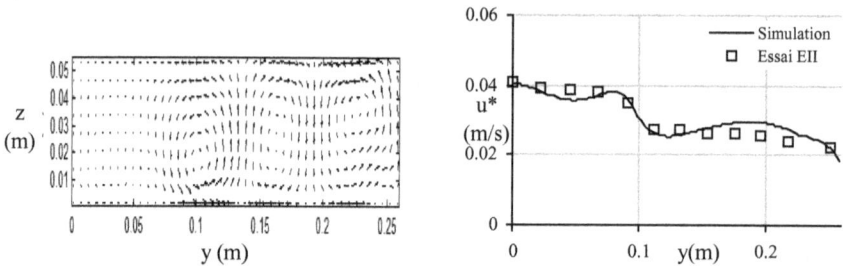

Fig. 11 Écoulements secondaires et vitesse de frottement dans l'essai EII

3.4 Conclusion

La simulation des expériences mises en œuvre par C.Labiod à l'IMFT s'est avérée fructueuse sous deux aspects.

En premier lieu, le développement des solutions asymptotiques et leur application à l'essai EI ont permis de tester les capacités prédictives des modèles des tensions de Reynolds dans la zone de paroi en s'appuyant sur les données expérimentales des vitesses moyennes et de contrainte turbulente de cisaillement. On confirme ainsi les conclusions du chapitre 2 sur le nécessaire ajustement du modèle général pour reproduire le bon niveau d'intensité turbulente. La solution asymptotique de l'énergie cinétique turbulente dans le voisinage de la surface libre est originale, mais ne prend pas en compte le transport par les écoulements secondaires. Elle a permis néanmoins d'évaluer la capacité du modèle à reproduire l'amplification par la surface libre de l'anisotropie des contraintes normales.

En second lieu, les simulations numériques ont montré que les meilleurs résultats étaient obtenus avec la version simplifiée à Cµ constant du modèle de Gibson et Rodi. Les confrontations avec les résultats de l'essai EI indique une cohérence satisfaisante tant au niveau de la prédiction des écoulements secondaires que de l'intensité turbulente.

Nous estimons que ce modèle peut être utilisé pour analyser les problèmes de fermeture des équations de Saint-Venant et nous présentons dans le prochain chapitre les premiers résultats obtenus dans le cadre de cette démarche.

Chapitre 4

Frottement et dispersion de quantité de mouvement

dans les canaux ouverts à rugosité non uniforme

4.1 Introduction

Dans ce chapitre, nous abordons les problèmes de fermeture des équations de Saint Venant pour le calcul d'écoulements à surface libre en présence de fonds à rugosité non uniforme. D'un point de vue pratique en effet, la prévision de tels écoulements se fonde sur l'approche de Saint-Venant qui met en œuvre des équations de bilan intégrées sur la section (modèle 1D) ou sur la verticale (modèle 2D). En présence d'interactions morpho dynamiques complexes, les fermetures des termes de frottement à la paroi ou de dispersion turbulente de quantité de mouvement, habituellement utilisées dans les modèles de Saint-Venant standards, s'avèrent insuffisantes. Se pose également la question de la modélisation de la dispersion par les écoulements secondaires. Le fil directeur de notre approche de ces questions a consisté à utiliser les modélisations 3D dont nous venons de voir la mise en œuvre dans les chapitres précédents pour calculer et modéliser le frottement et la dispersion dans les équations de Saint-Venant 2D.

Ce travail a été démarré au LMHE de l'ENIT dans le cadre du Mastère de Kaffel.A à l'École Polytechnique de Tunisie, Kaffel.A (2004). Les résultats de cette première étude sont présentés dans Soualmia.A & al. (2007) article soumis au Journal of PCN. Ce thème de recherche est aussi un peu abordé avec Zaouali.S en fin de sa thèse et a fait l'objet d'une communication avec Actes, Zaouali & al. (2007).

Dans les chapitres 2 et 3, nous avons évalué les capacités prédictives des modèles de turbulence avec des conclusions relativement positives pour le calcul d'écoulements à surface libre en présence de rugosités de paroi non uniforme. En revanche, les problèmes de fermeture des équations de Saint-Venant dans ces configurations d'écoulement n'ont pas connu des progrès équivalents. Presque tous les travaux sur la modélisation du frottement pariétal et de la dispersion en canaux en charge ou à ciel ouvert sont limités aux écoulements parallèles ou quasi parallèles comme dans les premiers travaux de Taylor (1954), Elder (1959), et Fisher (1975). D'autre part, les effets des écoulements secondaires notamment sur la dispersion de quantité de mouvement ne sont jamais considérés dans les modèles de Saint Venant 2D. Dans ce chapitre, nous présentons les premiers résultats d'une étude du frottement et de la dispersion dans des écoulements à surface libre, en nous référant aux expériences Muller et Studerus (1979), et Wang et Cheng (2006), réalisées dans des canaux ouverts avec une variation transversale, périodique, de la rugosité du fond. Mais au préalable, précisons les problèmes de fermeture que pose le bilan de quantité de mouvement intégré suivant le tirant d'eau, en écoulement pleinement développé.

4.2 Bilan moyen de quantité de mouvement et problèmes de fermeture de l'équation de Saint-Venant

Comme nous l'avons vu au chapitre 2, le bilan local, de quantité de mouvement dans un écoulement rectiligne pleinement développé, s'écrit après filtrage des fluctuations turbulentes, sous la forme :
$$\frac{\partial VU}{\partial y} + \frac{\partial WU}{\partial z} = \frac{\partial}{\partial z}(-\overline{uw}) + \frac{\partial}{\partial y}(-\overline{uv}) - g\sin\alpha \qquad (1)$$

Couramment utilisée dans les applications, l'approche Saint Venant 2D, est fondée sur l'introduction des quantités moyennées suivant le tirant d'eau. La moyenne <G> d'une quantité G est ainsi définie par :
$$h < G >= \int_0^h G dz \qquad (2)$$

La fluctuation spatiale g'' est la différence entre G et <G>, soit :
$$g'' = G - < G >, \text{ avec } < g'' >= 0 \qquad (3)$$

La moyenne suivant h de l'équation (1) conduit à l'équation de Saint Venant 2D, Kaffel (2004) :
$$-\frac{d}{dy}(h\Phi_{SF} + h\Phi_T) + \rho h g\sin\alpha - \tau_b = 0 \qquad (4)$$

où : $\Phi_T = \rho < \overline{uv} >$ et $\Phi_{SF} = \rho < u''v'' >$ \qquad (5)

En écoulement pleinement développé, les quantités moyennées suivant la verticale ne sont fonction que de la variable transversale y. L'équation différentielle (4) exprime le bilan de quantité de mouvement entre la force de gravité $\rho g\sin\alpha$, le frottement pariétal $\tau_b = \rho u^{*2}$, et les deux termes de diffusion - dispersion, le flux turbulent moyen sur la hauteur Φ_T et le flux de dispersion Φ_{SF} dû à l'advection de quantité de mouvement par les écoulements secondaires. Pour prédire l'évolution transversale de <U>, l'équation (4) nécessite des modèles de fermeture pour les trois derniers termes, la vitesse de frottement locale u* ou le coefficient de frottement locale $c_f = 2u^{*2} / <U>^2$ et les flux de dispersion Φ_T et Φ_{SF}.

4.3 Simulations locales des expériences de Muller et Studerus (1979), et Wang et Cheng(2006)

Dans une première étape, nous avons appliqué à ces deux expériences, le modèle de Gibson et Rodi, dans sa version simplifiée, Mod III, à $C\mu$ constant, (voir chapitre 2).

4.3.1 Définitions des expériences

Les expériences de Muller et Studerus (1979), et Wang et Cheng (2006), ont été réalisées dans des canaux à surface libre de même largeur, B=0.6m, avec une variation transversale périodique de la rugosité du fond. Dans la suite, ces cas tests sont désignés comme « Expérience de Muller » et « Expérience de Wang ». Dans les expériences simulées ici, les formes du lit correspondent à des bandes lisses et des bandes rugueuses de hauteurs caractéristiques K_s disposées de façon alternative comme indiqué sur la figure1. En négligeant l'effet des parois latérales, nous réalisons les simulations dans une cellule symétrique de longueur $\lambda = d_S + d_R$, située dans la zone centrale du canal (d_S et d_R sont les largeur des bandes lisses et rugueuses respectivement). Le tableau1 donne les principales caractéristiques des écoulements et des formes du lit.

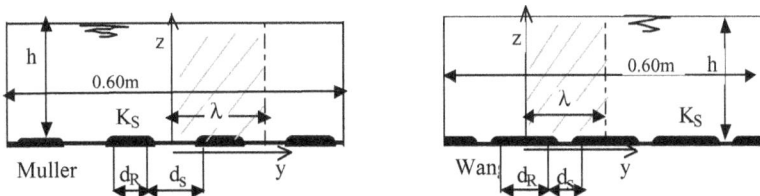

Fig.1 Schéma des formes du lit dans les expériences de Muller et Wang

Tableau1 : Caractéristiques des expériences de Muller et Wang

Expériences	h (cm)	Sinα	K_S (mm)	d_S (cm)	d_R (cm)
Muller	8	0.00143	2.50	10	6
Wang	7.5	0.00120	2.55	5	10

Les simulations des deux expériences ont été réalisées avec les conditions limites suivantes :

-A la paroi, z = 0 et $0 \leq y \leq \lambda$:

La vitesse longitudinale moyenne est donnée par la loi logarithmique exprimée par :

$$U/u^* = \kappa^{-1}Ln(u^*z/\nu) + C(K_S^+) \tag{6}$$

La fonction $C(K_S^+)$ du nombre de rugosité $K_S^+ = u^*K_S/\nu$ est donnée par l'expression de Naot et Emrani (1983) pour tenir compte de la transition entre les bandes rugueuses et les bandes lisses :

$$C(K_S^+) = \kappa^{-1}Ln\left[9(K_S^+ + 20)(0.3K_S^{+2} + K_S^+ + 20)^{-1}\right] \tag{7}$$

Les conditions limites de parois pour k et expriment l'équilibre entre la production et la dissipation comme suit :

$$k = C_{\mu z}^{-0.5}u^{*2} \quad et \quad \varepsilon = u^{*3}/\kappa z \tag{8}$$

-A la surface libre, z = h et $0 \leq y \leq \lambda$, et aux limites latérales y = 0 ou y = λ, et $0 \leq z \leq h$, des conditions de symétrie sont imposées :

$$\frac{\partial U}{\partial y} = \frac{\partial k}{\partial y} = \frac{\partial \varepsilon}{\partial y} = 0 \tag{9}$$

4.3.2 Quelques résultats des simulations 3D

Sur la figure 2, nous présentons les circulations des écoulements secondaires, obtenues à partir des simulations des expériences de Muller et Wang par le modèle algébrique des contraintes de Reynolds. Les écoulements secondaires sont organisés en deux cellules contrarotatives, orientées, près de la paroi, de la bande rugueuse vers la bande lisse, et leurs principales caractéristiques sont proches des résultats expérimentaux. Sur la figure 3, nous avons tracé les profils adimensionnels du frottement à la paroi du fond $\tau_b^+ = \tau_b/\rho gh\sin\alpha$ en fonction de la coordonnée transversale adimensionnelle $\zeta = y/\lambda$. Dans toutes les figures, nous notons les résultats du modèle anisotrope par NPF (pour l'écoulement non parallèle). Sur les mêmes figures, nous présentons aussi les résultats obtenus en supposant que l'écoulement est parallèle (V = W = 0) que nous notons PF.

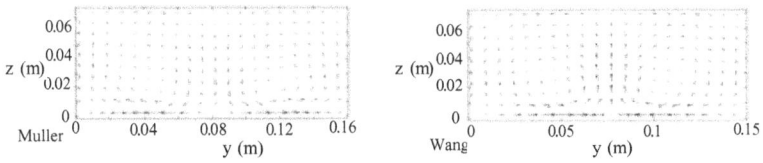

Fig. 2 Circulations des écoulements secondaires

Sur la figure 3 nous observons l'effet du brusque changement de rugosité sur la distribution de τ_b, et un bon accord avec l'expérience de Muller pour laquelle des mesures de τ_b sont disponibles. Les différences entre les simulations NPF et PF soulignent les effets des écoulements secondaires qui augmentent le frottement au fond, au-dessus des bandes rugueuses et le diminuent au-dessus des bandes lisses.

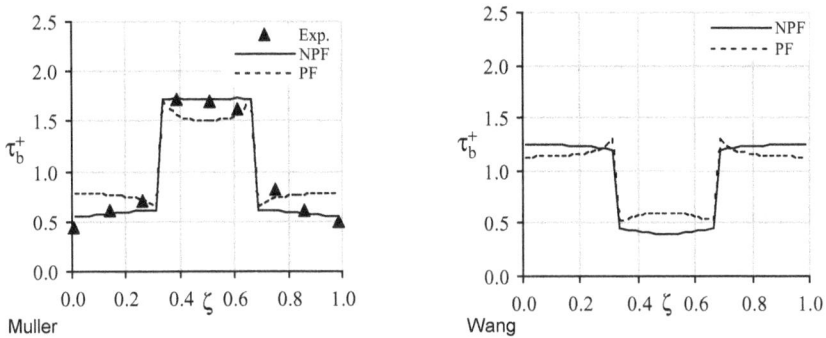

Fig. 3 Distribution transversale du frottement pariétal

Sur la figure 4, nous présentons les profils adimensionnels de la vitesse débitante suivant la verticale $<U^+> = <U>/U_m$, où $U_m = \int_0^1 <U> d\zeta$ est la vitesse débitante dans la section.

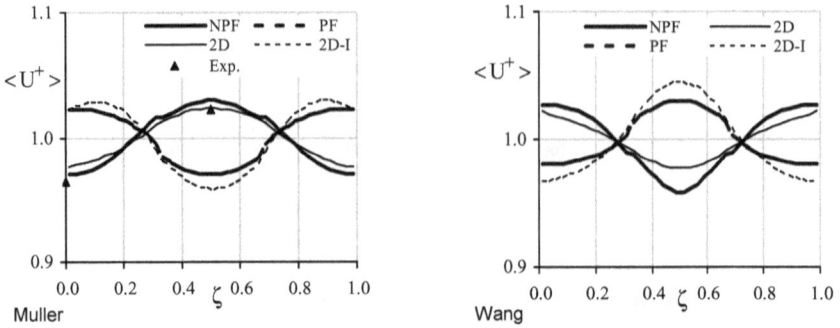

Fig. 4 : Distribution transversale de la vitesse moyennée suivant la verticale.

Sur la figure 4, les courbes notées par 2D ou 2D-I se rapportent aux résultats du modèle intégré sur la verticale qui seront discutés par la suite. Les profils NPF et PF montrent l'effet important des écoulements secondaires sur la distribution de < U > : la simulation PF donne un minimum et maximum de < U > au-dessus des zones rugueuses et lisse respectivement ; nous obtenons la distribution inverse pour la simulation NPF, ce qui souligne le rôle du terme de dispersion de quantité de mouvement $\Phi_{SF} = \rho < u''v''>$ dû aux écoulements secondaires, dans l'équation intégrée sur la verticale (4).

4.4 Lois de fermeture et résolution de l'équation de Saint-Venant 2D

Nous devons définir des lois de fermeture pour calculer le coefficient de frottement $c_f = \tau_b / 0.5\rho < U >^2 = 2u^{*2} / < U >^2$, le flux turbulent Φ_T, et le flux de dispersion par les écoulements secondaires Φ_{SF} défini par l'équation (5). En premier lieu, nous avons déterminé ces trois termes par les simulations 3D avec le modèle anisotrope puis nous avons tenté de définir des relations algébriques pour les exprimer comme fonction de <U>.

4.4.1 Le coefficient de frottement

Sur les figures 5, nous avons tracé les profils transversaux de c_f obtenus dans les simulations NPF et PF.

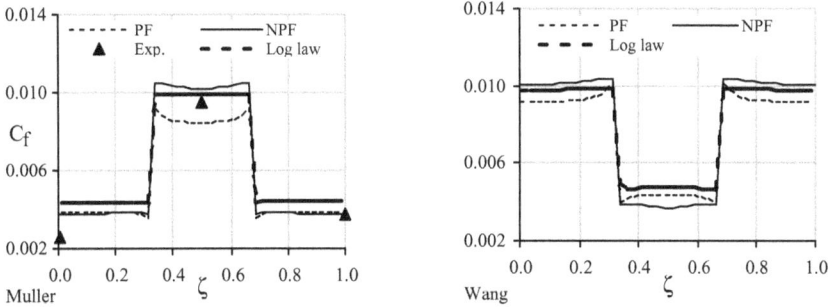

Fig. 5 : Distribution transversale du coefficient de frottement au fond

Pour proposer une loi de frottement à la paroi, applicable aux régimes rugueux, lisses et intermédiaires, nous avons utilisé la formule logarithmique développée au chapitre1, dans l'interprétation des expériences de Labiod (2005).

$$\sqrt{\frac{2}{c_f}} = \frac{1}{\kappa} Ln(R_e \sqrt{\frac{c_f}{2}}) + C(K_S^+) - E \qquad (10)$$

Dans (10), $R_e = <U> h/\nu$ et E est une constante. Nous avons adopté l'équation (10) avec la même valeur E = 2.8, utilisée dans le travail de Labiod et avec l'expression (7) de $C(K_S^+)$. Sur la figure 5, Nous pouvons observer que la loi logarithmique (10) donne une bonne prédiction de c_f au dessus de la zone rugueuse comparativement à la simulation NPF, mais elle le surestime au-dessus de la zone lisse.

4.4.2 Les modèles des flux de transport

Sur les figures 6 et 7, nous avons tracé les profils transversaux sous forme adimensionnelle du flux de transport turbulent $\Phi_T^+ = \rho < \overline{uv} > / \rho gh \sin\alpha$ et du flux de transport par les écoulements secondaires $\Phi_{SF}^+ = \rho < u''v''> / \rho gh \sin\alpha$: nous observons que ces flux ont des signes opposés, et que Φ_{SF}^+ est de l'ordre de quatre fois supérieur à Φ_T^+. Dans le modèle des contraintes de Reynolds, Φ_T est calculé à partir de l'expression :

$$\Phi_T = \rho < \overline{uv} > = -\rho < \nu_t \frac{\partial U}{\partial y} > \text{, où } \nu_t = C_{\mu y} k^2 / \varepsilon \qquad (11)$$

Les simulations 3D ont montré que l'on pouvait simplifier ces expressions sous la forme :

$$\Phi_T \approx -\rho < v_t >< \frac{\partial U}{\partial y} > \text{ et } < v_t >= O(u^* h)$$

Il paraît ainsi pertinent de modéliser le flux turbulent Φ_T par une expression de type gradient comme dans la théorie de Elder :

$$\Phi_T = \rho < \overline{uv} >= -D_T \rho u^* h \frac{d}{dy} < U > \qquad (12)$$

où D_T est un coefficient, constant, de dispersion turbulente.

Sur les figures 6 et 7, on observe que les flux Φ_T et Φ_{SF}, ont des évolutions transversales comparables avec des signes opposés, tels que : $\Phi_{SF} \approx -4\Phi_S$.

Sans prétendre à une quelconque généralité par manque d'argument physique nous proposons comme modèle du flux de dispersion par les écoulements secondaires, une expression analogue à (12) :

$$\Phi_{SF} = \rho < u''v'' >= \lambda_{SF} \rho u^* h \frac{d}{dy} < U > \qquad (13)$$

Sur les figures 6 et 7, nous avons tracé les courbes de Φ_T^+ et Φ_{SF}^+ donnés par les équations (12) et (13) avec $D_T = 0.05$ et $\lambda_{SF} = 0.23$ respectivement. Il est à noter que ces calculs sont effectués en lissant le terme $u^* d < U > / dy$ pour supprimer ses discontinuités dues aux variations brusques de la rugosité du fond.

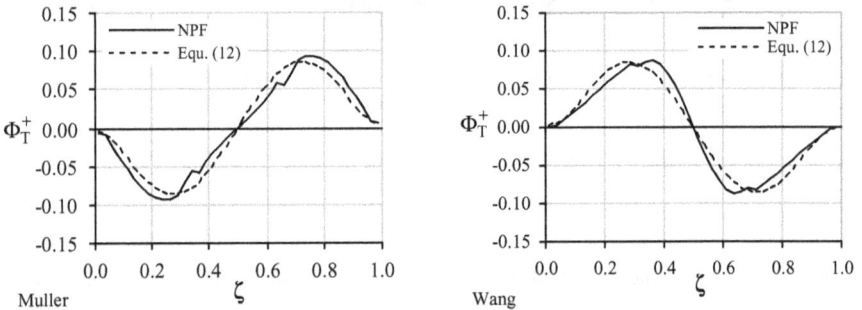

Fig. 6 : Distribution transversale du flux de transport turbulent

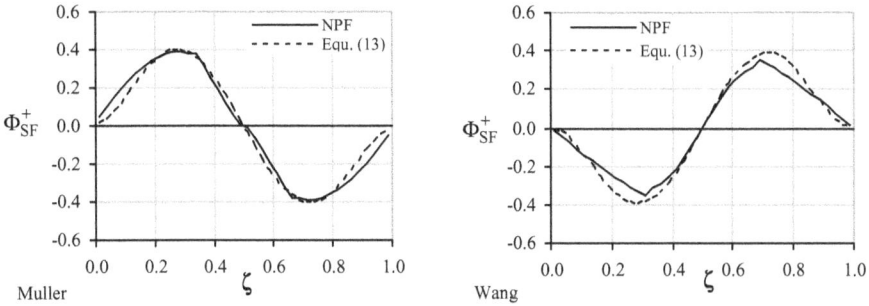

Fig. 7 : Distribution transversale du flux de transport par les écoulements secondaires

4.4.3 Résultats des simulations avec le modèle de Saint-Venant 2D horizontal

Nous avons résolu l'équation différentielle (4) avec les lois de fermeture du coefficient de frottement pariétal (10), et les lois des flux (12) et (13). Deux résultats de simulations sont présentés sur la figure 4. Les courbes notées 2D sont calculées avec les coefficients de dispersion $D_T = 0.05$ et $\lambda_{SF} = 0.23$. Ces courbes sont proches des courbes notées NPF calculées avec le modèle 3D anisotrope. Les courbes notées 2D-I ont été calculées avec $D_T = 0.05$ et $\lambda_{SF} = 0$, c'est-à-dire sans la dispersion due aux écoulements secondaires : ces courbes sont alors proches des simulations PF en écoulement parallèle.

4.5 Conclusion

Dans ce chapitre, nous avons rendu compte des premiers résultats d'une analyse de changement d'échelle entre un modèle 3D et un modèle 2D construit à partir du précédent par intégration spatiale. Le passage du calcul des écoulements à surface libre par des modèles 3D des champs de vitesse et des contraintes de Reynolds à des modèles de Saint-Venant de calcul des vitesses débitantes et du tirant d'eau est d'un grand intérêt pratique. L'intégration spatiale des équations de champs fait l'économie d'une modélisation de la turbulence ; néanmoins, elle conduit à des problèmes de fermeture incomplètement résolus pour le moment, malgré les apparences. En effet, la modélisation du flux dispersif de quantité de mouvement par les écoulements secondaires dans le modèle de gradient adopté dans (13) semble pertinente dans le contexte des écoulements à rugosité périodique dans les expériences de Muller et de

Wang. Par contre la même formulation utilisée dans les expériences de Labiod et de Zaouali paraît insuffisante, et il semble que l'hypothèse de gradient pour représenter le transport par les écoulements cellulaires n'est sans doute pas généralisable. D'où la nécessité de poursuivre par l'étude de différentes configurations de rugosité : un résultat important des premiers travaux est sans doute de montrer qu'une telle étude peut être menée en s'appuyant sur la modélisation 3D incluant un modèle anisotrope du tenseur de Reynolds de type Gibson et Rodi.

Deuxième partie

Interactions gaz-liquide dans des systèmes de fluides industriels ou environnementaux

Chapitre 5

Turbulence et circulations de Langmuir

sous les vagues de vent

5.1 Introduction

De nombreuses observations de laboratoire et de terrain ont montré l'importance des circulations de Langmuir et du déferlement des vagues pour le transport dans la couche de surface des océans, des lacs, lagunes, des systèmes des eaux de surface en général. Ces deux phénomènes sont très liés au cisaillement de la couche de surface par le vent et à la présence d'une houle de vent. Bien qu'apparaissant en général simultanément, ils ont souvent été étudiés sous des approches différentes. Depuis les premières observations de Langmuir (1938), la théorie de Craik et Leibovich (1976) demeure un travail de référence pour expliquer la génération des cellules contrarotatives dans un plan perpendiculaire à la direction du vent (fig. 1) comme la conséquence d'interactions entre le courant moyen et les vagues. Cependant le modèle de Craik-Leibovich nécessite la paramétrisation de la turbulence en haut de la couche de surface. Les premiers modèles de turbulence se sont fondés sur l'analogie de paroi, la vitesse de frottement interfacial étant l'échelle de vitesse caractéristique de la turbulence. Des études expérimentales plus récentes, de terrain et de laboratoire, (Agrawal et al (1992), Osborne et al (1992), Anis et Moum (1995), Terray et al.(1995), Thais et Magnaudet (1996)), ont montré que l'ECT et son taux de dissipation dépassent très largement les valeurs standard de paroi. Généralement, cette augmentation du niveau de turbulence est attribuée au déferlement des vagues et l'approche la plus réaliste consiste à introduire des paramètres caractéristiques des vagues

Ainsi dans la poursuite des travaux de Moussa (1986), et de notre propre travail de thèse (voir chapitre 6), nous avons développé une analyse de différentes expériences sur la turbulence de vague de vent pour définir une nouvelle paramétrisation de l'énergie cinétique turbulente et du taux de dissipation à l'interface. On a ainsi introduit des conditions aux limites traduisant une augmentation de la turbulence par

81

déferlement dans un modèle incluant la génération des circulations de Langmuir par la théorie de Craik-Leibovich.

5.2 Équations du modèle

La présente approche est une extension des travaux de Craik et Leibovich (notés dans la suite C.L) développés pour modéliser les circulations de Langmuir. Nous écrivons les équations du mouvement moyen avec le terme de forçage de C.L, couplées au modèle standard (k-ε).

La configuration de l'écoulement, sur la figure1, montre une paire de cellules verticales stables contrarotatives, de taille (H,L) supposée connue. Ces écoulements secondaires (notés E.S) résultent des interactions entre la vitesse moyenne longitudinale et le champ de vague, se propageant sinusoïdalement à une fréquence intrinsèque σ, une amplitude a et un nombre d'onde K, donné par la relation de dispersion $\sigma = \sqrt{gK}$.

Nous choisissons un système cartésien (x,y,z), tel que l'axe x est orienté dans la direction de la contrainte due au vent et l'axe z est orienté vers le haut ; la surface libre moyenne est à z = 0, et le fond est à z = -H. Comme dans le chapitre 2, l'écoulement moyen (U, V, W), supposé permanent et pleinement développé dans la direction x, est décrit par les variables (U, Ψ, Ω), où Ψ (y, z) est la fonction courant des E.S, et Ω la vorticité longitudinale.

Dans la théorie de CL, les équations du mouvement contiennent un terme supplémentaire représentant une interaction entre la vague dominante et le courant, soit :

$$\frac{\partial VU}{\partial y} + \frac{\partial WU}{\partial z} = \frac{\partial(-\overline{uv})}{\partial y} + \frac{\partial(-\overline{uw})}{\partial z} + \frac{\tau_I - <\tau_P>}{H} \tag{1}$$

$$\frac{\partial}{\partial y}(V\Omega) + \frac{\partial}{\partial z}(W\Omega) = \frac{\partial^2}{\partial y \partial z}(\overline{v^2} - \overline{w^2}) + (\frac{\partial^2}{\partial y^2} - \frac{\partial^2}{\partial z^2})(-\overline{vw}) - \frac{\partial U_S}{\partial z}\frac{\partial U}{\partial y} \tag{2}$$

$$\frac{\partial^2 \Psi}{\partial y^2} + \frac{\partial^2 \Psi}{\partial z^2} = \Omega \quad \text{avec, } V = \frac{\partial \psi}{\partial z}, \ W = -\frac{\partial \psi}{\partial y} \quad \text{et} \quad \Omega = \frac{\partial W}{\partial y} - \frac{\partial V}{\partial z} \tag{3}$$

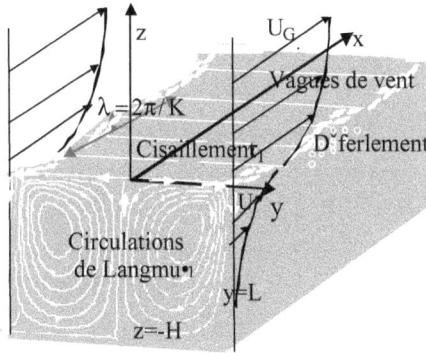

Fig. 1 : Configuration de l'écoulement sous les vagues de vent

Dans l'équation (1), le gradient de pression est exprimé en fonction du frottement interfacial τ_I, et du frottement à la paroi $< \tau_P >$, moyenné sur le fond. Dans le terme de forçage de C.L (équation 2), le courant de Stokes est défini par $U_S = \delta\sigma a\exp(2Kz)$, où $\delta = Ka$ est la cambrure de la vague. Dans les équations (1) et (2), les contraintes turbulentes associées aux fluctuations de vitesses turbulentes nécessitent un modèle de turbulence. En introduisant la viscosité turbulente $v_t = C_\mu k^2/\varepsilon$, et en négligeant la contribution du vortex stretching dans (2), nous adoptons le modèle suivant pour les contraintes turbulentes.:

$$-\overline{uv} = v_t\frac{\partial U}{\partial y}, \quad -\overline{uw} = v_t\frac{\partial U}{\partial z} \tag{4-a}$$

$$\frac{\partial^2}{\partial y\partial z}(\overline{v^2} - \overline{w^2}) + (\frac{\partial^2}{\partial y^2} - \frac{\partial^2}{\partial y^2})(-\overline{vw}) = \frac{\partial}{\partial y}(v_t\frac{\partial\Omega}{\partial y}) + \frac{\partial}{\partial z}(v_t\frac{\partial\Omega}{\partial z}) \tag{4-b}$$

Ce modèle est couplé au modèle (k-ε) standard.

Les conditions limites sont les suivantes :

Au fond, nous adoptons les lois de paroi pour U , k et ε , mais pour Ψ et Ω nous utilisons : $\Psi = \Omega = 0$. Les conditions latérales sont des conditions de symétrie. À la surface libre $\Psi = \partial\Omega/\partial z = 0$ et nous imposons la continuité du frottement à l'interface : $v_{tI}\partial U/\partial z = u_I^{*2} = \tau_I/\rho$, où ρ est la masse volumique de l'eau, et $v_{tI} = C_\mu k_I^2/\varepsilon_I$ est la viscosité turbulente. Les valeurs de l'ECT et de la dissipation à la surface libre, k_I et ε_I, sont déterminées à partir des données expérimentales.

5.3 Paramétrisation de l'ECT et du taux de dissipation à l'interface

Des mesures de l'ECT et de la dissipation ont été réalisées en conduite air-eau (rectangulaire), à l'IMF Toulouse (Prodhomme (1988)), (Thais et Magnaudet (1996)). A l'IMFT la section d'étude a une profondeur de 1m, une largeur de 1.2m, à un fetch x = 14m. D'autres mesures ont été réalisées sur une installation à l'IRPHE à Marseille, où la profondeur est de 0.9m, la largeur de 1.2m, à un fetch de 26m. Terray et al (1995) ont donné des mesures du taux de dissipation dans le lac Ontario ; la section d'étude est de 12.5m de profondeur, à un fetch x = 1100m. Nous avons repris l'analyse de ces données. Nous avons supposé qu'au sommet de la couche de surface l'évolution de l'ECT est dominée par le transport turbulent et la dissipation. Ainsi les équations de (k- ε) ont des solutions très simples, Moussa et al (1999), données par :

$$k = k_I \exp(Kz/l_I), \quad \varepsilon = \varepsilon_I \exp(1.5Kz/l_I), \quad l_I = \sqrt{1.5C_\mu}\, k_I^{3/2}/\varepsilon_I \qquad (5)$$

Dans (5), k_I et ε_I sont les valeurs de l'ECT et de la dissipation à la surface libre. Nous avons utilisé les relations (5) pour lisser les profils expérimentaux et donc déterminer k_I et ε_I.

Pour chaque essai, nous donnons dans le tableau 1 les principaux paramètres, qui sont la vitesse de frottement interfacial, le nombre d'onde, et la cambrure de vague. Nous donnons k_I et ε_I sous forme adimensionnelle, en prenant le nombre d'onde K et la vitesse dépendant de la vague $u_0 = \delta^{0.5}\sigma a$ comme échelles correspondantes.

Tableau 1. Caractéristiques principales des expériences et valeurs adimensionnelles de k_I et ε_I.

Essai	IMFT (1988 et 1995)					IRPHE (1996)		Lac Ontario (1996)						
	PM 11	PM 08	TM 13	TM 09	TM 07	TM 08	TM 06	TR 79	TR 80	TR 82	TR 86	TR 87	TR 88	TR 91
$u_I^* \text{ cm/s}$	2.5	1.5	2.7	1.6	1.1	1.3	0.8	1.0	1.1	1.7	1.9	1.8	1.3	1.8
$K \text{ m}^-$	11.	16.	11.	17.	24.	11.	13.	1.9	1.7	1.1	1.0	1.1	1.2	1.0
δ	0.2	0.1	0.2	0.1	0.1	0.2	0.1	0.1	0.1	0.1	0.1	0.1	0.1	0.1
k_I/u_0^2	0.8	0.8	0.9	0.6	0.7	0.4	0.5	0.5	0.7	0.7	0.8	0.6	0.8	0.5
ε_I/Ku_0^3	0.7	0.5	0.6	0.4	0.5	0.2	0.3	0.2	0.2	0.2	0.3	0.2	0.4	0.2

Le tableau 1 montre que K et u_0 sont pertinents pour évaluer l'ECT et la dissipation à la surface libre. Avec l'augmentation des fetchs, l'ECT adimensionnelle est constante et la dissipation décroît légèrement, en effet :

$k_I / u_0^2 \approx 0.7$ et $0.3 < \varepsilon_I / K u_0^3 < 0.7$.

Sur la figure 2 sont tracés les profils mesurés de l'ECT et du taux de dissipation adimensionnels.

La figure 2 montre que dans la région en dessous des vagues tel que $-1 < Kz < 0$, les points expérimentaux se regroupent en lignes droites en accord avec l'hypothèse d'équilibre diffusion-dissipation et les estimations de la longueur diffusive l_I sont de l'ordre de $l_I \approx 0.4 K^{-1}$ et $l_I \approx 0.7 K^{-1}$ pour les expériences de laboratoire et de terrain respectivement.

5.4   Importance relative des circulations de Langmuir et du déferlement

Sur les figures (2) et (3) nous présentons aussi les résultats des simulations numériques réalisées avec le modèle présenté ci-dessus. Nous montrons deux séries de simulations, l'une représente les expériences d'Ontario, l'autre celles de Toulouse. Pour chaque série de simulations nous avons représenté les profils obtenus avec et sans le terme de forçage de CL (dans ce dernier cas V=W=O).

Le rôle des E.S est particulièrement montré par les profils de la vitesse moyenne adimensionnelle $(U-<U>)u_0 / u_I^{*2}$ où $<U>$ est la vitesse moyenne dans la cellule.

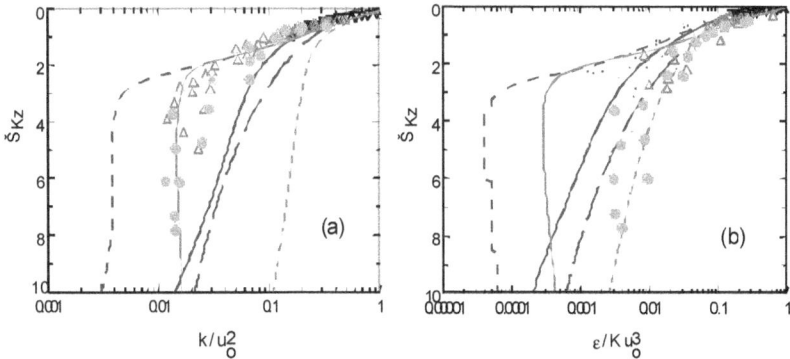

Fig. 2 : Profils adimensionnels de l'ECT (a) et de la dissipation (b)
Expériences: •Toulouse 1, $\triangle$ Toulouse 2,∇ Marseille, o Ontario. **Simulations**: Ontario: —— Ecoulement parallèle; — —Vitesse décsendante, - - -Vitesse montante; Toulouse: – – –Ecoulement parallèle; —— Vitesse montante.

Prodhomme (1988) a observé une paire de cellules contra-rotatives avec une vitesse montante au centre du canal. Sur la figure 2, nous notons que le profil de l'ECT est bien prédit, mais ce n'est pas le cas pour le taux de dissipation en dessous de la zone d'équilibre diffusion-dissipation. Cette insuffisance dans la prédiction de la dissipation pouvait être attribuée à la modélisation de la turbulence (nous avons vérifié que les E.S sont bien prédits), nous pouvons aussi nous demander sur la méthode utilisée pour obtenir ε dans une région où le transport par les E.S a une grande influence.

Pour les expériences de Marseille et Ontario, nous n'avons aucune précision sur les circulations de Langmuir.

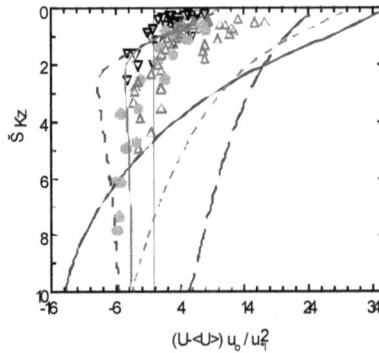

Fig.3 : Profils de vitesse moyenne sous l'interface

Les simulations d'Ontario sont alors faites en supposant une cellule carrée (L = H). Nous avons noté les différences entre les profils relatifs à la vitesse montante ou descendante aux frontières de la cellule, les points expérimentaux sont localisés entre ces profils.

5.5 Conclusion

Malgré les limites de la présente approche, compte tenu du modèle de turbulence mis en œuvre et du caractère permanent de la structure cellulaire, la comparaison entre les expériences et les simulations est relativement satisfaisante. Elle indique notamment les effets de déferlement et des E.S, sur la structure de l'écoulement au-dessous des vagues de vent. Le calcul de la turbulence à la surface libre, proposée à partir des données de laboratoire et in situ, introduit des échelles dépendant des vagues qui sont mentionnées dans des travaux antérieurs ; mais son avantage est d'être compatible avec l'équilibre diffusion dissipation en haut de la couche de surface. Au-dessous de cette région, les effets des E.S ne peuvent pas être négligés et le modèle de CL semble être approprié pour simuler les propriétés de transport des circulations de Langmuir.

Chapitre 6

Structure et modélisation d'écoulements

diphasiques à phases séparées

6.1 Introduction

Ce travail a été réalisé dans le cadre de ma thèse de doctorat (nouvelle thèse) de l'Institut National Polytechnique de Toulouse, puis poursuivi à l'IMFT. Il s'inscrit dans la continuité des travaux sur les écoulements diphasiques à phases séparées réalisés à l'IMFT.

Il a conduit à une Communication internationale avec actes à Rome, une communication internationale à Caen, une publication dans 'Chemical Engineering Communications' et à plusieurs rapports internes à l'IMFT.

Différentes études se sont focalisées sur la structure et l'évolution des vagues. En effet, une première classe d'études a concerné l'analyse de stabilité. Initialement développée par Cohen et Hanratty (1965), Craik (1966), (reprise par Soualmia A. (1990) et (1991)) ; et puis après par Taitel et Dukler (1976), et Lin et Hanratty (1985).

Une seconde classe d'études a été développée pour prédire les caractéristiques de l'onde dominante ou le champ de vague (Bruno et MC Cready (1989)) en écoulements stratifiés en conduites. Malgré leurs importances, ces travaux ne nous permettent pas d'estimer les caractéristiques des vagues dans toutes les situations d'écoulement gaz-liquide stratifié. D'autre part, tous ces travaux sont fondés sur l'hypothèse d'écoulement unidimensionnel.

Concernant la modélisation locale ou globale des écoulements stratifiés, on peut citer les travaux de Taitel et Dukler (1976), Akai et al (1981), Shoham et Taitel (1984), et Issa (1988). Cependant, l'effet important des interactions interfaciales sur la structure de l'écoulement gaz et liquide a été éclairé par plusieurs études développées à l'Institut de Mécanique des Fluides de Toulouse. La première tentative de modéliser des écoulements 3D a été développée d'abord par Banat (1985), puis Benkirane (1990), et après vient l'analyse théorique de Magnaudet (1989). La structure 3D de l'écoulement stratifié gaz-liquide a été mise en évidence expérimentalement par Suzanne (1985), en canal de section rectangulaire, par Liné et al (1991) et Soualmia (1993) en canal rectangulaire et en conduite circulaire. La figure1 montre sous forme simplifiée la structure de ces écoulements secondaires dans une section transversale (d'après Liné et al (1991), et Soualmia (1993)).

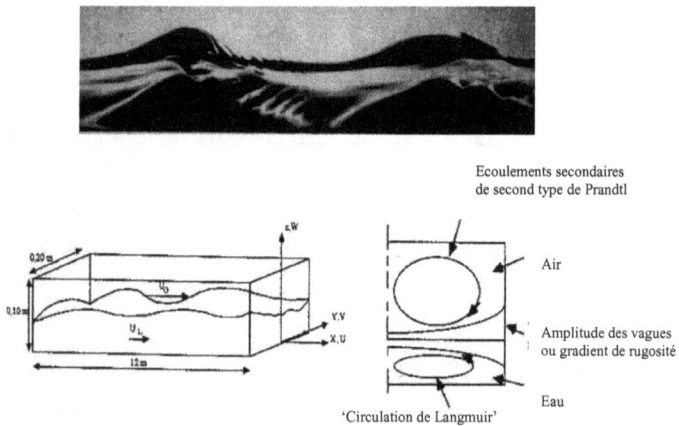

Fig. 1 : Ecoulement stratifié en présence de vagues en canal rectangulaire

Il est à noter que dans la section transversale, la distribution expérimentale des vagues est non uniforme. L'amplitude des vagues augmente de l'axe de symétrie du canal vers les parois latérales. Une analyse théorique a été développée pour expliquer la distribution transversale d'amplitude des vagues au dessus d'un courant liquide non uniforme. L'analyse est basée sur une étude antérieure de Magnaudet (1989) ; elle est ensuite discutée et étendue (Soualmia (1993), et Liné.A, Masbernat.L, and Soualmia.A (1996)). Nous montrons que la distribution de l'amplitude des vagues constitue un des points clés du problème. Les écoulements secondaires dans le gaz et dans le liquide modifient fortement les distributions transversales de la vitesse longitudinale et de la contrainte de cisaillement à l'interface gaz-liquide. Dans le liquide, les écoulements secondaires sont similaires aux circulations de Langmuir discutées au chapitre 5. D'après Craik et Leibovich (1976) et Magnaudet (1989), ces écoulements secondaires résultent des interactions non linéaires entre le courant liquide et le courant de Stokes induit par les vagues. Ils amplifient le gradient transversal de la vitesse liquide, induisant une variation transversale des vagues.

D'autre part, la surface liquide ondulée peut être considérée comme une paroi rugueuse pour l'écoulement de gaz ; ainsi dans le gaz, les écoulements secondaires sont gouvernés par l'anisotropie de la turbulence comme dans les écoulements à surface libre étudiés dans la première partie du mémoire.

Notre travail s'est orienté dans deux directions :

D'une part compléter la base de données de C.Suzanne en canal rectangulaire et réaliser de nouvelles expériences d'écoulements eau – air en canal circulaire

Le second objectif a été de réaliser des simulations numériques avec un modèle 3D d'un écoulement stratifié permanent et pleinement développé. Les mécanismes physiques générant les écoulements secondaires dans le gaz et dans le liquide ont été modélisés

6.2 Analyse des résultats expérimentaux en écoulements stratifiés air-eau en canal de section rectangulaire

Deux essais expérimentaux, notés essai 600 et essai 800, réalisés respectivement par Suzanne (1985) et Soualmia A. (1993) sur la même installation d'écoulement diphasique. C'est un canal de section rectangulaire, de hauteur 10 cm (axe z), de largeur 20 cm (l'axe y) et de longueur 12 m (axe x). Les fluides sont l'air et l'eau. L'épaisseur liquide instantanée est mesurée par sonde capacitive. L'analyse classique de signal donne les moyennes et l'écart type des hauteurs liquides, la fréquence de l'onde dominante et la célérité de l'onde. La vitesse instantanée est mesurée dans le gaz en utilisant un anémomètre à fil chaud. Des profils verticaux et horizontaux de la vitesse moyenne longitudinale et verticale du gaz, et de l'intensité de turbulence sont déterminés. Un anémomètre Doppler Laser est utilisé dans l'eau. L'essai 600 correspond à un champ de vague organisé ; tandis que l'essai 800 correspond à un champ de vagues moins organisé à partir duquel il est plus difficile d'extraire une composante dominante.

6.2.1 Structure cinématique de l'écoulement gaz

Le profil de l'amplitude des vagues $\varepsilon(y)/\varepsilon_0$ est tracé sur la figure 2, pour l'essai 600 (ε_0 est l'amplitude de vague mesurée sur l'axe de symétrie du canal). On note que l'amplitude des vagues mesurée près de la paroi latérale est quatre fois plus grande que celle mesurée sur l'axe de symétrie du canal ce qui souligne l'importance du processus de réfraction par le gradient transversal de vitesse du liquide.

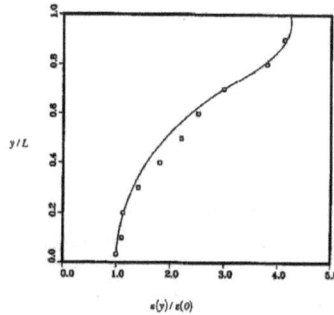

Fig. 2 : Distribution transversale de l'amplitude adimensionnelle des vagues (essai 600 : o mesures ; — simulations numériques)

Les profils verticaux de la vitesse longitudinale U_G et verticale W_G sont tracés sur la figure 3 pour l'essai 600 (pour l'essai 800 voir Soualmia.A (1993)). Des mesures ont été effectuées sur trois verticales à y = 0 ($\square$), 30 (o) et 70 mm (Δ). Les variables cinématiques dans le gaz sont normalisées par la vitesse de frottement interfaciale définie par $u^*_{IG} = (\tau^i_G / \rho_G)^{0.5}$. La coordonnée verticale est adimensionnalisée par la rugosité interfaciale. Celle-ci est exprimée en suivant Cohen et Hanratty (1965) :

$$K_s = 3\ \sqrt{2}\ \sqrt{\overline{h'^2}} \tag{1}$$

Où $\sqrt{\overline{h'^2}}$ est l'écart type des vagues (à partir des mesures). Pour plus de détails voir Soualmia A. (1993). Sur la figure 3, nous observons que la structure de l'écoulement gaz au dessus des vagues présente les caractères généraux des écoulements turbulents en canal avec une rugosité non uniforme. En effet, les E.S observés dans le gaz au dessus des vagues sont dirigés de la région proche de la paroi latérale (à forte amplitude des vagues) vers la région près de l'axe de symétrie du canal (à faible amplitude des vagues). Les E.S dans le gaz pour l'essai 600 atteignent 10% de la vitesse longitudinale (fig3b), ces ES au dessus des vagues modifient le comportement classique observé pour l'essai 800 (voir Soualmia A. (1993))

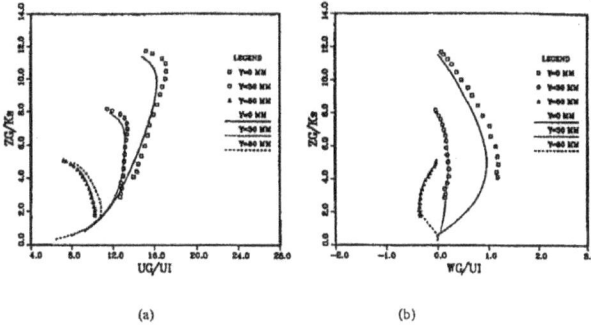

(a)   (b)

Fig. 3 : Essai 600, phase gaz -β_C =0.2- Profils (à trois sections verticales : y=0, y=30mm,y=50mm), de vitesse longitudinale U_G/u_I^* (a), de la composante verticale des ES W_G/u_I^* (b)

Connaissant la rugosité et la distribution du frottement interfacial, on peut estimer, Soualmia (1993), le nombre de Froude suivant à différente position le long de l'axe y :

$$\beta_c = \frac{g\,K_s}{U_{IG}^{*2}} \tag{2}$$

On obtient des valeurs constantes de β_c, $\beta_c \approx 0.2$ pour l'essai 600 et $\beta_c = 0.1$ pour l'essai 800.

Il est à noter que pour estimer l'amplitude de la rugosité des vagues d'océan, Charnock (1955), a estimé que les valeurs de β_c varient entre 0.36 et 1.05. D'autre part, pour des écoulements stratifiés en conduite, Rosant (1984) a proposé une valeur de constante β_c=0.12. La valeur de β_c devrait être donc reliée à la structure du champ de vague. En particulier l'essai 600 correspond à un champ de vague plus organisé que celui de l'essai 800.

93

6.2.2 Structure de l'écoulement liquide

Les profils verticaux des vitesses moyennes longitudinales (U_L) et verticale (W_L), sont représentés sur la figures (4), pour l'essai 600. Des mesures ont été faites pour trois profils verticaux dans la section transversale. Les écoulements secondaires observés dans le liquide au dessous des vagues sont dirigés de la zone près de la paroi latérale vers la zone proche de l'axe de symétrie du canal. La vitesse verticale est négative sur l'axe de symétrie du canal, et positive le long de la paroi latérale (figure 4b). Deux cellules contrarotatives sont observées, similaires aux circulations de Langmuir dans la partie supérieure des océans. Les mesures montrent que la contrainte de cisaillement interfaciale augmente de l'axe de symétrie vers les parois latérales : ce ci est dû à la variation transversale de l'amplitude des vagues, et à la présence des écoulements secondaires dans le gaz.

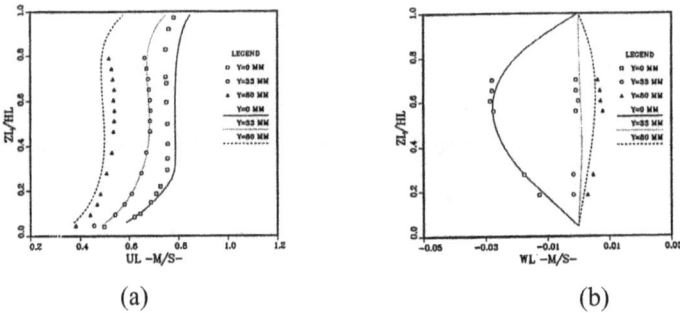

(a)   (b)

Fig. 4 : Essai 600, phase liquide : profils (à trois sections verticales : y=0, y=30mm,y=50mm) de la vitesse longitudinale (a), et de la vitesse verticale des ES (b)

6.2.3 Analyse théorique des interactions vague-courant

Le but de l'analyse théorique, Magnaudet (1989), puis Soualmia (1993) et Liné.A, Masbernat.L, and Soualmia.A (1996), est d'expliquer la réfraction du champ de vagues par la vitesse non uniforme du liquide.

Considérons une vague monochromatique se déplaçant au-dessus d'une vitesse liquide non uniforme U(y) dans un canal rectangulaire, de hauteur H_L relativement petite et constante par rapport à y ; la relation de dispersion s'exprime sous la forme :

$$K_x^2(c-U)^2 = g\,K\,\tanh(KH_L) \tag{3}$$

où K_x est la composante suivant x du nombre d'onde, et K est son intensité. La célérité de phase c est reliée à la fréquence apparente ω :

$$c = \frac{\omega}{K_x} \tag{4}$$

Le but était de définir une solution vérifiant la relation de dispersion (3) avec la présence d'une caustique à $y = y_0$. Une équation différentielle pour l'amplitude de la vague ε peut être déduite et résolue numériquement (Liné.A, Masbernat.L, and Soualmia.A (1996)) ; sa solution prédit qualitativement bien l'évolution transversale observée de la distribution de l'amplitude des vagues (fig 2).

Dans le but de comprendre le mécanisme qui entraîne les écoulements secondaires dans le liquide, il est important de se référer aux travaux de Craik et Leibovich (1976) et de Magnaudet (1989). En effet si on considère une méthode de séparation entre turbulence et courant orbital en présence d'une onde monochromatique :

$$v = v^t + \tilde{v} \tag{5}$$

le terme advectif de l'équation de quantité de mouvement, peut être classiquement écrit :

$$\nabla \cdot \overline{vv} = \nabla \cdot \overline{v^t v^t} + \nabla \cdot \overline{\tilde{v}\tilde{v}} = \nabla \cdot \overline{v^t v^t} + \overline{\tilde{\omega} \wedge \tilde{v}} + \nabla \left(\frac{\overline{\tilde{v}^2}}{2} \right) \tag{6}$$

On définit le petit paramètre sans dimension δ, rapport du temps caractéristique de la vague et du temps caractéristique de l'écoulement moyen par : $\delta = \dfrac{\partial U / \partial y}{c - U}$. À l'ordre ε, la vitesse induite par la vague est non rotationnelle, et il n'y a pas de terme source de quantité de mouvement. A l'ordre $(\varepsilon\delta)$ on peut expliciter la contribution moyenne du tenseur des contraintes orbitales $\overline{\tilde{v}\tilde{v}}$ sous la forme : $\nabla \cdot \overline{\tilde{v}\tilde{v}} = u_s \times \Omega + 2v_{t,z,z} \dfrac{\overline{\tilde{w}^2}}{c - U} e_x$

où $\tilde{w}$ est la vitesse verticale associée à la vague, elle est connue (de même les autres composantes $\tilde{u}$ et $\tilde{v}$),

-Le premier terme $u_s \times \Omega$ est un terme source d'écoulement secondaire ; en situation homogène en x, il apparaît comme le terme source de la composante $\Omega_X = \Omega \cdot e_x$ de la vorticité du mouvement moyen sous la forme :

$$S_{\Omega_X} = [\nabla \times (u_s \times \Omega)] \cdot e_x = \underbrace{\frac{\partial u_s}{\partial y} \frac{\partial U}{\partial z}}_{(1)} - \underbrace{\frac{\partial u_s}{\partial z} \frac{\partial U}{\partial y}}_{(2)} \tag{7}$$

Les termes (1) et (2) du second membre de (7) traduisent deux mécanismes d'instabilité pouvant conduire à l'apparition d'une organisation cellulaire de l'écoulement dans le plan (y,z). Le premier terme représente une interaction d'une perturbation transversale du champ de vagues ($\frac{\partial u_s}{\partial y} \neq 0$) avec l'écoulement cisaillé par le vent $\frac{\partial U}{\partial z} \neq 0$. Le second terme traduit un mécanisme lié au gradient transversal de vitesse moyenne, il est dominant dans les écoulements internes (c'est le cas de nos essais) où la condition d'adhérence sur les parois latérales crée une couche limite.

6.3 Résultats numériques

6.3.1 Modèle mathématique

Les équations du modèle sont formulées en coordonnées cartésiennes (x, y, z) (fig1), avec les hypothèses suivantes :

-L'écoulement moyen et les caractéristiques moyennes des déformations de l'interface sont pleinement développés dans la direction x.

-L'interface gaz-liquide est plane en moyenne.

Donc le gradient de pression dP/dx est constant, les composantes de la vitesse moyenne (U, V, W) et les contraintes de Reynolds sont fonction seulement de (y, z).

Les équations du mouvement moyen sont exprimées en variables U, ψ, Ω ; où ψ est la fonction courant, Ω est la vorticité longitudinale (Soualmia.A (1993)).

Pour le cas de la phase liquide, dans l'équation de la vorticité longitudinale, au second membre, on rajoute le terme source S_{Ω_x} (équation (7)) ; où ici dans nos essais de situation interne, il n'y a que le second facteur de ce terme qui intervient.

En ce qui concerne le modèle de turbulence, la fermeture des contraintes de Reynolds retenue est basée sur la formulation algébrique classique (dérivée du modèle de Launder, Reece et Rodi (1975)) qui après simplification, est équivalente au modèle de Naot et Rodi (1982).

Pour les conditions aux limites, aux parois, elles sont classiques, et elles sont imposées à une distances δ_p de la paroi, où on suppose un équilibre locale de turbulence et un comportement logarithmique de la vitesse longitudinale U. Au dessus de l'interface, les conditions limites dans le gaz sont identiques aux conditions de parois en considérant que l'interface est ' vue par le gaz ' comme une paroi rugueuse (qui a une rugosité variable Ks(y)), se déplaçant avec une vitesse $U_{IL}(y)$ (la vitesse liquide interfaciale : qui est donnée par la résolution dans le liquide). Ces conditions sont définies à $Z_G = \delta_I$ en fonction de la rugosité interfaciale équivalente Ks(y) :

$$\frac{U_G(y,\delta_I) - U_{IL}(y)}{u_I^*(y)} = \frac{1}{\chi} L_n\left(\frac{\delta_I}{K_s(y)}\right) + 8.5 \tag{8}$$

Au dessous de l'interface, on a le gradient de vitesse moyenne dans le liquide qui est connu si on admet la continuité du frottement interfacial :

$$z_L = H_L \qquad \frac{\partial U_L}{\partial Z} = \frac{1}{v_{tL}} u_{IL}^{*2} \qquad avec \quad u_{IL}^* = \sqrt{\frac{\rho_G}{\rho_L}} u_I^* \tag{9}$$

La distribution de vitesse de frottement interfacial $u_I^*(y)$ est connue après résolution de l'écoulement dans la phase gaz.

L'amplitude de la vague dominante est générée à partir de la distribution de rugosité interfaciale produite par la résolution de l'écoulement de gaz (relation de Charnock) :

$$\varepsilon = \frac{K_s(y)}{3} \tag{10}$$

Le nombre d'onde K de l'onde dominante qu'on retrouve dans le courant de Stokes u_s est une donnée (par les mesures).

La résolution du modèle dans la phase liquide donne, entre autres, la distribution de vitesse moyenne $U_{IL}(y)$ à l'interface : on peut alors résoudre à nouveau l'écoulement du gaz en injectant ces nouvelles valeurs de U_{IL} dans la loi logarithmique (8).

6.3.2 Simulations numériques

Dans la phase gaz, pour déterminer la rugosité interfaciale (apparaissant dans la loi logarithmique interfaciale de la vitesse) qui est contrôlée par les vagues, nous avons introduit la relation de Charnock (1955) comme une fermeture interfaciale (équa (2)). Elle relie la rugosité interfaciale à la vitesse de frottement, et elle traduit un équilibre dynamique de déformations interfaciales entre les forces liées au frottement interfacial ($\tau_I(y) = \rho_G u_I^{*2}(y)$) et celle de gravité ($\rho_L g (h'^2(y))^{0.5}$).

Les solutions obtenues ont données des écoulements secondaires satisfaisants ainsi que la distribution de rugosité correspondante ; celle ci dépend de la valeur de la constante β_C. Nous montrons ici des résultats caractéristiques de ces simulations pour l'essai 600 (les courbes de la fig3), des résultats similaires sont obtenus pour les autres essais (Soualmia.A (1993), Liné.A et al (1996)). Les profils représentés montrent la vitesse longitudinale, la composante verticale de l'écoulement secondaire

97

en fonction de la coordonnée adimensionnelle. Nous notons que le comportement logarithmique adopté dans les conditions limites est relativement bien justifié. Nous confirmons aussi un bon accord des résultats numériques et expérimentaux de l'écoulement.

Des essais numériques ont été mis en œuvre pour la phase liquide pour les essais 400 et 600. Quelques résultats de ces simulations sont montrés sur la figures 4 pour l'essai 600 (pour l'essai 400 voir Soualmia.A (1993)) : les écoulements secondaires simulés sont de l'ordre de ceux que l'on observe expérimentalement, et organisés en une cellule unique dans la demie section du canal. L'évolution verticale et transversale des profils de vitesse moyenne U_L est relativement bien reproduite (fig4a). Il était important d'apprécier le rôle respectif de l'anisotropie et des termes d'interaction courant - turbulence dans la génération des écoulements secondaires dans la phase liquide ; en effet sans le terme source S_{Ω_x} le modèle dans cette phase liquide produit des E.S de faible intensité.

6.4 Conclusions

Dans la phase gaz, malgré la complexité de ces interactions, une loi de paroi rugueuse pour la vitesse au dessus des vagues, permet de reproduire les caractéristiques de l'écoulement gaz et les variations observées d'amplitudes.
Quant à la phase liquide, les applications du modèle confirment le rôle déterminant des interactions vague-courant lorsque le spectre de vagues est étroit, pour des vagues 2D ou des vagues 3D relativement bien organisées. Quand la vitesse du vent augmente, la méthode de séparation entre fluctuations turbulentes et orbitales formulée dans un repère lié à l'onde dominante, n'est plus applicable. Il faut revenir à l'analyse théorique des interactions vagues-courant-turbulence, en la menant parallèlement à l'analyse des interactions vagues-vagues qui se traduisent par des déformations de l'interface à spectre large.

Chapitre 7

Études de problèmes environnementaux

7.1 Introduction

Nous avons regroupé dans ce chapitre deux exemples d'étude de problèmes environnementaux que nous avons abordés sous l'angle de la modélisation. Le premier est relatif à la dynamique de la thermocline dans un lac tunisien, le lac de Sidi Salem, que nous avons traité par un modèle tri couche. Ce travail a été réalisé dans le cadre de mon DEA, (Soualmia.A (1988)), et poursuivi à l'IMFT et a fait l'objet d'une communication internationale avec actes (Ben Slama.E et al (1990)).

La deuxième étude s'est déroulée dans le cadre d'une action contractuelle entre l'IMFT et l'Agence de Bassin Adour-Garonne à Toulouse. Dans ce travail, j'ai été amenée à développer un modèle de simulation de transport et de transformation des rejets ammoniacaux dans la Garonne en aval de Toulouse. Il a conduit à une publication dans La Houille Blanche (Roux.A et al (1990)), et à deux communications internationales dont une avec actes, Liné.A et al(1990), et Roux.A et al(1989).

7.2 Dynamique de la thermocline dans couche mélangée de surface

7.2.1 Introduction

Après un rappel sur les mécanismes physiques d'entraînement d'une interface de densité, on présente un modèle intégral à trois couches de prédétermination des champs d'enthalpie et d'énergie cinétique turbulente. Le modèle est calibré à partir de situations d'érosion de gradient de densité pour lesquelles on dispose de données expérimentales et de terrain. Ce modèle est ensuite appliqué à la retenue de Sidi Salem en Tunisie. Il permet de reconstituer de manière satisfaisante l'évolution de la thermocline saisonnière pendant une année. En complément, on a traité de façon similaire l'érosion du gradient de sel.

7.2.2 Mécanisme d'entraînement d'un gradient de densité

L'influence des stratifications en densité sur la production primaire en milieu aquatique justifie l'intérêt porté à la connaissance de la thermocline. La stabilité d'un gradient de densité résulte d'une compétition entre les effets stabilisants de flottabilité et l'intensité de la turbulence, caractérisée par le nombre de Richardson global.

En système aquatique profond, la source de turbulence est liée à l'action du vent en surface. Souyri (1986) montre que la turbulence ainsi générée présente une tendance à l'isotropie, situation que l'on peut rapprocher de la turbulence de grille. En ce cas, différents auteurs (Hopfinger et Toly, (1976) et Long (1970)) se sont attachés à étudier la décroissance de la turbulence avec la profondeur.

En milieu stratifié, la déformation du gradient et les mécanismes de déformation sont liés au nombre de Richardson global.

$$R_i = g \frac{\Delta \rho \, h}{\rho \left(u_I^* \right)^2} \tag{1}$$

où u_I^* : vitesse de frottement à l'interface et h : épaisseur de la couche de mélange.

Ces mécanismes sont décrits par Carruthers et Hunt (1986) :

- à faible valeur de R_i, il se développe au niveau de l'interface des ondes de type Kelvin Helmhotz qui déferlent et induisent un mélange par diffusion moléculaire
- pour de grandes valeurs de R_i et en présence d'une turbulence de forte intensité, on assiste à l'entraînement dans la couche mélangée de fines structures, soit par un phénomène d'éjection (Linden (1973)), soit par déferlement d'ondes internes (Long (1978)). On remarque, dans ce cas, que le terme de production d'énergie reste faible près de l'interface
- pour de faibles stratifications, les gros tourbillons piègent le fluide plus lourd et provoquent son entraînement sous forme de bouffées de grande échelle.

De nombreuses expériences en laboratoire ont conduit à retenir pour la vitesse d'entraînement U_e de la thermocline une loi de la forme :

$$\frac{U_e}{U} = K \, R_i^n \tag{2}$$

Où U est la vitesse homogène dans la couche, K : constante, R_i : Richardson global, n : exposant négatif. La valeur de n varie avec le type de turbulence (de grille ou de cisaillement). La loi d'entraînement est corrigée à faible nombre de Péclet pour tenir compte des effets moléculaires (Piat et Hopfinger (1981), Hopfinger et Toly (1976)).

Malgré une certaine dispersion dans les valeurs de n on remarque, (Soualmia (1988)), que la loi en $Ri^{-1.5}$ traduit pour les grandes valeurs de Ri un mécanisme d'interaction intermittente entre la turbulence et les déformations de l'interface de densité. Aux faibles valeurs de Ri, on retrouve des conditions de mélange des écoulements homogènes où la loi en $R_i^{-0.5}$ convient le mieux. La loi en Ri^{-1} est observée dans les rangs intermédiaires.

L'épaisseur η de thermocline est donnée par Hopfinger (1986) selon la loi :

$$\eta / h = 0.055 + 0.91 R_i^{-1} \tag{3}$$

Le modèle présenté ici s'applique à des études de terrains pour lesquelles les échelles d'espace et de temps sont beaucoup plus grandes que celles traitées en laboratoire. Il s'intéresse en particulier au cycle annuel complet d'un système aquatique.

7.2.3 Modèle mathématique

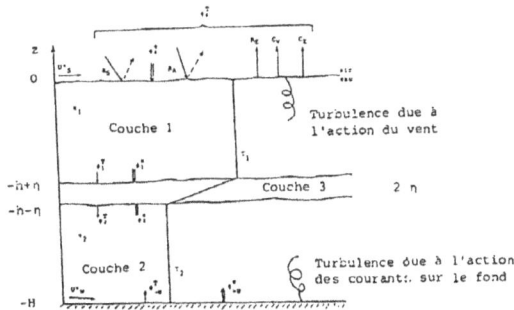

Fig. 1 : Schéma de principe du modèle tri-couches

On distingue, suivant le schéma de la figure 1, trois couches comprenant l'épilimnion et l'hypolymnion de structure homogène et une couche intermédiaire d'épaisseur 2η où l'évolution de la température est supposée linéaire.

Les équations régissant le système sont celles de l'enthalpie et de l'énergie cinétique turbulente dont l'intégration sur les hauteurs des trois couches fait apparaître des flux (thermique ou d'énergie) aux frontières.

-    *Hypothèses*

H1 : On s'intéresse dans ce qui suit au cas d'une forte stratification, soit :

$$\eta \ll h \qquad et \qquad \delta\eta / \delta t \approx 0$$

H2 : Compte tenu de H1 on suppose que l'énergie cinétique turbulente s'annule au centre de la thermocline

H3 : L'épaisseur de la thermocline étant faible on néglige sur cette couche l'intégration du terme de dissipation.

H4 : Le profil de température est supposé linéaire dans la thermocline.

Avec ces hypothèse le modèle final est simple (voir Ben Slama.E et al (1990) et Soualmia.A (1988)). Il fait apparaître les fermetures suivantes :

. Les termes de production et diffusion en surface et au fond sont pris proportionnels au cube de la vitesse de frottement (respectivement u^*_1 et u^*_w).

. La dissipation est modélisée de façon classique :

$$\varepsilon_i = C_\varepsilon \, e_i^{1.5} \, . \tag{4}$$

. Les flux à l'interface de densité : les flux thermiques et d'énergie cinétique turbulente sont représentés par une loi de type gradient, dans laquelle on suppose la viscosité $\upsilon_{i\eta}$ bâtie sur l'énergie cinétique moyenne et la hauteur de la couche i, est amortie par une fonction de Richardson pour tenir compte de la stratification :

$$\upsilon_{1\eta} = e_1^{0.5} \, h \, F(R_{i1})$$
$$\upsilon_{2\eta} = e_2^{0.5} \, (\, H\text{-}h \,) \, F(R_{i2}) \tag{5}$$

7.2.4 Calage du modèle

Le modèle a été comparé à un modèle k-ε continu (Mocke (1988)) lui- même calé sur deux séries expérimentales, sans échanges thermiques ou de sel en surface :

-Essai de Kit et al (1980) relatif à l'érosion d'un gradient de sel sous l'effet du vent.

-Essai de Souyri (1986) à l'IMFT relatif à l'érosion d'une thermocline.

On a testé, pour les deux séries, deux vitesses de vent de 4 m/s et 8 m/s. Le modèle tri-couches donne une évolution satisfaisante des profils par rapport au modèle continu. Nous observons en particulier que les valeurs moyennes de température (fig2) ou de sel (voir Soualmia.A (1988), ou Ben Slama.E et al (1990)) dans la couche de surface varient plus vite que dans la couche du bas provoquant ainsi l'homogénéisation du système. Le taux d'entraînement E_1 a été représenté en fonction du Richardson (Ben Slama.E et al (1990), Soualmia.A (1988)), nous constatons que les essais d'érosion du gradient de salinité ou du gradient de température conduisent à une loi en puissance d'exposant -0.9.

$$E_1 = 0.014 \, R_{i1}^{-0.9} \quad \text{conforme avec les résultats théoriques.}$$

De même l'évolution de la couche intermédiaire a été représentée, elle montre une loi très proche des observations expérimentales :

$$\eta \, / h = 0.05 + 1.04 \, R_{i1}^{-1} \tag{6}$$

Ainsi calé, le modèle conduit à des résultats en accord avec les mesures. Les résultats du calage ont été utilisés pour l'application à un cas réel : le barrage de Sidi-Salem en Tunisie.

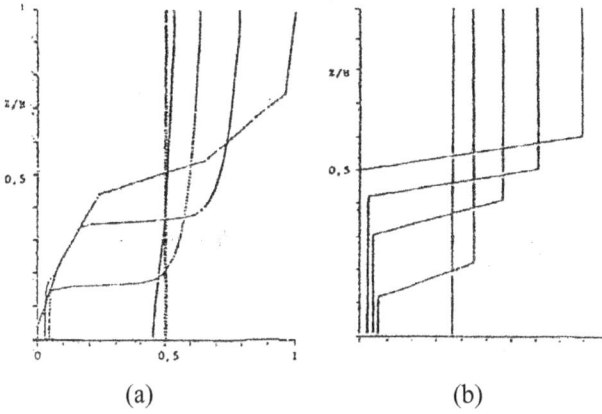

(a)   (b)

Vent 4m/s : Courbes 0/1500/3750/6000/9000 s

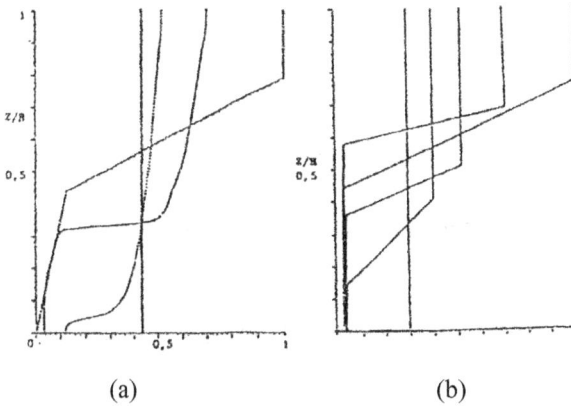

(a)   (b)

Vent 8m/s : Courbes 0/400/1000/1600/2400 s

Fig. 2 : Évolution du gradient de température (pour l'essai Souyri (1986)) en fonction du temps, par le modèle continu (a) : Mocke (1988), et par le modèle tricouche (b), pour les vitesses de 4 et 6m/s.

7.2.5 Application du modèle à la retenue Sidi-Salem

La retenue de Sidi-Salem au Nord-Ouest tunisien a été crée avec des objectifs d'alimentation en eau potable et d'irrigation. À retenue normale, sa superficie est de 4500ha, sa capacité de 555 millions de m^3 et sa profondeur moyenne de 13m. Près de la digue, la hauteur d'eau atteint 30m à 40m. Le contrôle de la qualité des eaux est assuré par des mesures mensuelles.

L'application du modèle à un cas réel nous a conduit à considérer les termes d'advection liés aux apports et soutirage dans la retenue qui ont été calés afin de retrouver les températures moyennes.

Les résultats du modèle concernant les températures montrent qu'elles suivent bien la même évolution que celles mesurées, bien que la stratification donnée par le modèle soit plus importante (pour plus de précision voir Soualmia.A (1988), ou Ben Slama.E et al (1990)). En effet, les hypothèses H_2 et H_3 du modèle limitent les échanges d'énergie entre la thermocline et les couches mélangées, provoquant ainsi un gradient de densité plus intense.

7.2.6 Conclusion

Le modèle tri-couches mis au point représente l'évolution saisonnière d'un gradient de densité, la simplification résultant des intégrations sur la hauteur tient compte des résultats déduits de l'analyse physique en laboratoire, notamment dans l'expression des lois de fermeture retenues pour la modélisation des flux aux frontières (Ben Slama.E et al (1990)).

Après calage du modèle sur des résultats expérimentaux de laboratoire, ce modèle est appliqué au cas de Sidi-Salem. Cette application, bien que satisfaisante, ne répond pas à l'ensemble des questions que pose l'étude des champs turbulents cinématiques et scalaires couplés dans des situations de géofluides. En particulier, la confrontation du modèle au cas réel pose le problème des données, pour la détermination des grandeurs physiques fondamentales, telle que l'énergie cinétique turbulente. Parmi l'ensemble des hypothèses qui ont conduit à la formulation du modèle simple utilisé ici, la plus restrictive est certainement liée à l'intégration sur la section horizontale du système qui limite la prise en compte de l'advection à des termes de flux au contour du domaine.

L'essentiel des efforts pour les études de terrain doit s'orienter vers une collecte systématique des données existantes, ainsi qu'une analyse fine en laboratoire des phénomènes d'entraînement de la thermocline.

7.3 Modèle de la nitrification des rejets dans la Garonne au niveau de l'agglomération toulousaine

7.3.1 Introduction

Les teneurs relevées en amont de Toulouse, aux stations de traitement d'eau potable de Clairfont et Pechdavid sont en général inférieures à 0.5 mg/l. Par contre, en aval de Toulouse on relève en étiage des teneurs en NH_4 de l'ordre de 3 mg/l voire plus, en particulier au droit de la prise d'eau de Lacourtensourt. Des valeurs anormales sont aussi notées à la prise d'eau de Mas-Grenier située à une cinquantaine de kilomètres à l'aval de Toulouse. Les observations indiquent donc que l'agglomération toulousaine est le centre d'importants rejets en ammoniac qui créent une situation préoccupante en période d'étiage. Deux types de rejets sont relativement bien identifiés : il s'agit d'une part des rejets de la zone industrielle sud de Toulouse, avec notamment les rejets de la Société Chimique de la Grande Paroisse (ex : AZF -Azote et Fertilisants-) dans le bras inférieur de la Garonne et d'autre part des rejets des stations d'épuration de Toulouse et de Blagnac situées en aval de l'agglomération toulousaine. Les indications des minima et des maxima en teneur en NH_4 illustrent bien cette situation.

Des essais préliminaires d'analyse de la cinétique de NH_4 en aval de Toulouse ayant laissé craindre des effets d'inhibition dans l'assimilation de NH_4 par Nitrosomonas, une étude systématique a été entreprise en laboratoire sur des prélèvements d'eau de Garonne. Le résultat majeur a été de montrer l'insuffisance d'une loi de cinétique de type Monod et la nécessité d'adopter un modèle de croissance de la biomasse incluant un effet d'inhibition traduisant une perte de viabilité de la biomasse active. Ce modèle de la cinétique de nitritation, défini au laboratoire, a été injecté dans un modèle de transport advectif-diffusif pour prédéterminer l'évolution de la teneur en NH_4 dans la Garonne en aval de Toulouse. Le modèle de transport est couplé à un modèle de l'hydrodynamique basé sur les équations de Saint Venant (1D). On a pu ainsi tenter d'interpréter l'évolution observée dans le milieu et simuler quelques scénarios de réduction de NH_4 dans la Garonne, par ensemencement des rejets.

7.3.2 Modèle (1D) de l'azote ammoniacal dans la Garonne en aval de Toulouse

Les équations de base de la modélisation de l'évolution de N- NH$_4$ en rivière, sont les équations de transport advectif-diffusif de quantité de mouvement et de masse. Les différentes grandeurs étant intégrées dans la section. Le modèle de l'hydrodynamique s'écrit :

$$\frac{\partial A}{\partial t}+\frac{\partial AU}{\partial X}=-\frac{M}{\rho} \qquad (7)$$

$$\frac{\partial AU}{\partial t}+\frac{\partial AU^2}{\partial X}=g\frac{\partial J}{\partial X}+P_F\frac{\tau_F}{\rho} \qquad (8)$$

$$\frac{\tau_F}{\rho}=\frac{1}{2}C_F\,U^2 \qquad 2C_F=\frac{1}{\left(2\log\dfrac{R_H}{K_S}+1.74\right)^2} \qquad (9)$$

A(H) représente la section hydraulique, P$_F$(H) le périmètre, R$_H$(H) le rayon hydraulique ; ils sont calculés par tronçons à partir d'une section trapézoïdale équivalente déduite des relevés topographiques du fond. U est la vitesse moyenne dans la section, τ_F et C$_F$ sont respectivement le frottement et le coefficient de frottement au fond, et $\dfrac{\partial J}{\partial X}$ est la pente du fond.

Le modèle de la teneur S en substrat (N- NH$_4$) et de la teneur X$_v$ en biomasse (Nitrosomonas) viable s'écrit :

$$\frac{\partial AX_v}{\partial t}+\frac{\partial AUX_v}{\partial X}=\frac{\partial}{\partial X}\left(D\frac{\partial X_v}{\partial X}\right)+\mu_N\frac{YS}{X_v+YS}X_v+S_X \qquad (10)$$

$$\frac{\partial AS}{\partial t}+\frac{\partial AUS}{\partial X}=\frac{\partial}{\partial X}\left(D\frac{\partial S}{\partial X}\right)-\mu_N\frac{S}{X_v+YS}X_v+S_S \qquad (11)$$

S$_X$ et S$_S$ représentent des sources ou puits traduisant des échanges continus avec le fond ou le bassin versant. Y est le taux de conversion du substrat en biomasse ; et μ_N est le taux de croissance de la biomasse.

Les équations (7) à (9) sont résolues numériquement en utilisant le code de calcul « Géraldine » mis au point à l'IMFT (Liné.A et al (1988)). Ce code est utilisé pour simuler l'hydrodynamique de la Garonne, de Muret à Verdun-sur-Garonne. La rugosité K_S a été calée à partir de trois hydrogrammes Q(H) déterminés par tarage dans trois sections à Portet-sur-Garonne, au Pont de l'Embouchure, à Verdun-sur-Garonne. Les valeurs de la rugosité, sont respectivement de 0,8 0,2 0,06 m ; cette variation traduit une évolution visible du lit de la Garonne avant la confluence avec l'Ariège jusqu'à sa confluence avec le Tarn. Tous les détails sur le calage du modèle hydrodynamique sont donnés dans Ahdor.Y et al (1987).

7.3.3 Résultats de simulations

On a choisi de tester le modèle de l'azote ammoniacal sur un ensemble d'observations réalisées par l'Agence de Bassin Adour Garonne en septembre 1987. Ces mesures révèlent N- NH_4 supérieures à 45mg/l dans le bras inférieur ; un suivi de cette pollution a été réalisé dans plusieurs sections en aval jusqu'à Verdun-Garonne. Le modèle (10), (11) a été utilisé dans les conditions suivantes :

. Hydrodynamique : régime permanent débit de 42 m^3/s à l'entrée du bras supérieur et 8 m^3/s dans le bras inférieur.

. Azote Ammoniacal : on a introduit deux rejets d'azote ammoniacal à AZF et à station de Ginestous.

. Rejet AZF : il est défini par la teneur en azote dans le bras inférieur mesuré lors du passage accidentel de septembre 1987. On disposait d'un relevé continu pendant 70 heures qui est utilisé comme donnée d'entrée dans le bras inférieur pour les trois simulations présentées ici (fig 3).

. Rejet Ginestous : il est maintenu constant avec un débit de 1.5 m^3/s et une teneur en N- NH_4 de 30mg/l.

Trois simulations ont été réalisées avec un coefficient de croissance de la biomasse viable constant μ_N=0.03 h^{-1} et Y = 0.05. Les seuls paramètres d'ajustement sont alors les teneurs initiales en biomasse viable dans les rejets d'AZF et de Ginestous (on néglige les échanges avec le fond et le bassin versant S_X =0, S_S =0).

1er simulation (fig 4 à 6)

X_V = 0 à AZF , X_V = 0 dans le rejet de Ginestous.

Dans ce cas l'azote ammoniacal est conservatif : les résultats présentés sur les figures 4 à 6 indiquent que la reconstitution de l'hydrodynamique semble correcte, qu'à partir de Lacourtensourt les observations ont commencé trop tard et on « n'a pas vu » la pointe de pollution et que la dégradation de NH_4 est surtout sensible à Verdun-sur-Garonne.

2e simulation

X_V = 0 à AZF , X_V = 10 mg/l dans le rejet de Ginestous.

On constate que l'ensemencement du rejet de Ginestous est détectable à partir de Lacourtensourt et nettement visible à Verdun.

3e simulation

X_V = 0.5 mg/l à AZF , X_V = 10 mg/l dans le rejet de Ginestous.

La nitritation de N-NH_4 est sensible dans le bras inférieur. L'effet de l'ensemencement à AZF, s'il explique bien les teneurs observées à Verdun, paraît surestimer le niveau de dégradation à Lacourtensourt.

Pour plus de précision sur ces simulations voir Roux.A et al (1990).

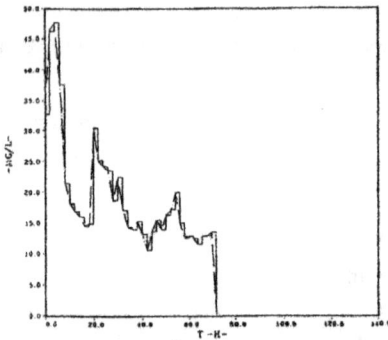

Fig. 3 : Evolution de la teneur en azote mesurée Dans le bras inférieure

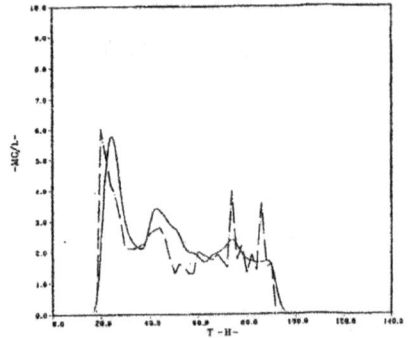

Fig. 4 : -à l'Embouchure- Comparaison des évolutions de la teneur en azote mesurées (— -)et simulées (—)avec un modèle conservatif Xv = 0 à AZF et à Ginestous

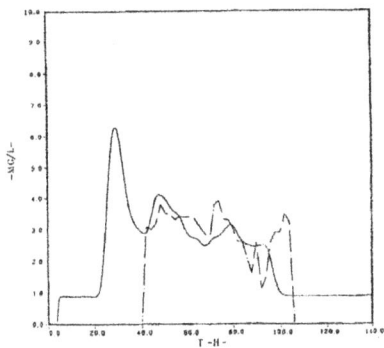

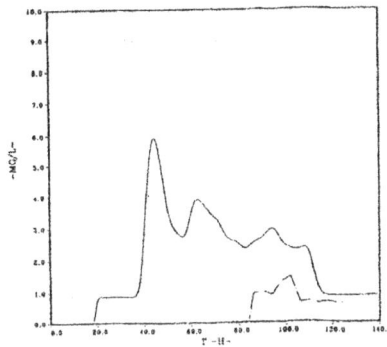

Fig. 5 : -à lacourtensourt- Comparaison des évolutions de la teneur en azote mesurées (— -) et simulées (—) avec un modèle conservatif Xv = 0 à AZF et à Ginestous.

Fig. 6 : -à Verdun- Comparaison des évolutions de la teneur en azote mesurées (— -) et simulées (—) avec un modèle conservatif Xv = 0 à AZF et à Ginestous

7.3.4 Conclusions

L'utilisation du modèle a débouché aussi sur une critique de l'échantillonnage spatiotemporel dans les expériences in situ, et les prochaines campagnes devraient être conduites de manière plus rationnelle. D'ores et déjà cette étude a mis en évidence les effets qu'un prétraitement des effluents pourrait avoir pour soutenir la capacité de nitrification du milieu.

Conclusion générale

La rédaction d'un mémoire de travaux de recherches n'est pas un exercice facile, mais c'est certainement un exercice utile. On est conduit en effet à s'interroger non seulement sur les résultats obtenus en tentant d'en donner une image synthétique, mais on doit également se projeter vers l'avenir en s'appuyant sur les connaissances acquises pour élargir le champ thématique et les champs d'applications.

Mes activités de recherche en mécanique des fluides industriels et environnementaux m'ont conduit à me forger une expérience dans le domaine de la modélisation de la turbulence en me confrontant à des problèmes présentant un fort degré de complexité, en liaison avec les interactions fluide - fluide ou fluide - paroi présentes dans les systèmes étudiés. Dans ce contexte, mon approche de la turbulence s'est limitée aux modélisations en un point, le calcul des contraintes de Reynolds étant l'objectif central. Dans la première partie de ma carrière de chercheuse à l'IMFT, le champ d'application s'est surtout situé dans le domaine de la thermo hydraulique avec des problématiques liées aux questions de la production d'énergie nucléaire.

Lors de mon retour en Tunisie et après avoir rejoint le LMHE, j'ai initié de nouvelles recherches visant des applications dans le domaine des écoulements à surface libre. Je pense que le point le plus original et le plus novateur réside dans la tentative d'aborder le changement d'échelle entre modèles 3D et modèles de Saint-Venant pour améliorer leurs fermetures et leurs capacités de calcul d'écoulements en présence d'interactions morpho dynamiques complexes. Cette approche valorise en effet la recherche amont au niveau des mécanismes fins vers les applications en hydraulique. Les premiers résultats obtenus dans des expériences modèles ont montré le rôle de la dispersion par les mouvements cellulaires, mais il reste encore à progresser dans la modélisation de ce type de transport dispersif.

L'hydraulique est aussi confrontée au transport solide dans les systèmes d'eaux de surface et c'est un problème crucial en Tunisie. Nous considérons qu'il s'agit là d'un problème prioritaire dans nos activités de recherche à l'avenir qui doit être abordé, comme l'hydrodynamique, sous la double approche de modélisations des processus locaux et des modèles fondés sur l'intégration spatiale des modèles locaux.

Mais le point faible de notre potentiel de recherche réside dans le manque de moyens expérimentaux opérationnels en Tunisie. Notre recherche n'aurait pas pu se développer sans le soutien des expériences conduites à l'IMFT et nos projets doivent à l'avenir pouvoir s'appuyer sur des installations expérimentales en Tunisie et des moyens de mesure performants. Le besoin de soutien expérimental à la recherche n'est pas spécifique à notre thème de recherche et les moyens de mesure tels que fils et films chauds, Laser à effet Doppler, systèmes de PIV, sont utilisables aussi bien dans le domaine des écoulements diphasiques qu'en hydraulique et des mises en commun de moyens et de compétences pourraient s'avérer fructueuses.

Comme on le voit nos projets de recherche font le pari de nouveaux progrès de développement de la recherche dans notre pays mais pourquoi ne pas conclure par l'optimisme de Marie Curie « *dans la vie, rien n'est à craindre, tout est à comprendre* ».

Première Partie (Chapitres 1, 2, 3, 4)

1. Celik I. and Rodi W.(1984). 'Simulation of free-surface effects in turbulent channel flows.' PCH PhysicoChemical Hydrodynamics, Vol. 5, No. 3/4, 217-227.

2. Daly B.J and Harlow E.H (1970). 'Transport equations in turbulence.' Phys. Fluids, 13, 2634-2649.

3. Demuren A. O. and Rodi W.(1984). 'Calculation of turbulence-driven secondary motion in non-circular ducts.' Journal of Fluid Mechanics, 140, 189-222.

4. Donald K. John D. and Mohammed H. (1984). 'Boundary shear in smooth rectangular channels.' Journal of Hydraulic Engineering, ASCE, 110(4), 405-422.

5. Elder J.W. (1959). 'The dispersion of a marked fluid in turbulent shear flow'. Journal of Fluid Mech. Vol. 5 No.4, pp. 544-560.

6. Eppich H. M. (1982). 'The development and preliminary testing of a constitutive Model for Turbulent Flow Along a stream wise corner'. Ph.D. Depart. of Mechanical

7. Fischer B.H. (1975). Discussion on simple method for predicting dispersion in streams. by R.S. Mc Quiveyand T.N Keefer. J Environ Eng Div ASCE, 101, 453-5.

8. Gessner F. B. and Emery A. F. (1981). 'The numerical prediction of developing turbulent flow in rectangular ducts'. ASME Journal of Fluid Engineering, vol. 103, pp. 445-454.

9. Gibson M. M. and Launder B. E. (1978).'Ground effects on pressure fluctuations in the atmospheric boundary layer'. Journal of Fluid Mechanics, 86,491-511.

10. Gibson M. M. and Rodi W. (1989). 'Simulation of free surface effects on turbulence with a Reynolds stress model'. Journal of Hydraulic Research 27 (2), 233-244.

11. Hinze J. O. (1975). 'Experimental investigation on secondary currents in the turbulent flow through a straight conduct'. Appl. Sci. Res., 28, 453-465

12. Kaffel A. (2004). 'Modélisation du frottement dans les écoulements à surface libre sur des fonds rugueux'. Mastère d'Ingénierie Mathémaque de l'Ecole Polytechnique de Tunis.

13. Labiod C. (2005). 'Écoulement à surface libre sur fond de rugosité inhomogène'. Thèse de Doctorat de l'Institut National Polytechnique de Toulouse, 135 pp.

14. Labiod C. et Masbernat L. (2004). 'Analyse paramétrique des lois de paroi en écoulement à surface libre sur fond de rugosité variable.' SIER 2004, Laghouat, Algérie

15. Labiod.C, Soualmia.A, et Masbernat.L (2007).'Turbulence in open channel flow with a cross-stream variation of the bottom roughness', Fifth International Symposium on Environmental Hydraulics 4-7 December 2007 Tempe, Arizona.

16. Labiod.C, Soualmia.A, et Masbernat.L (2006).'Turbulence in open channel flow with cross-stream variation of the bottom roughness'. The International Conference on Advances in Mechanical Engineering and Mechanics, December 17-19, 2006 Hammamet – Tunisia.

17. Labiod.C, Soualmia.A, et Masbernat.L. (2006). 'Turbulence en écoulement à surface libre sur fond de rugosité inhomogène', $2^{\text{ème}}$ Journée Scientifique "Eau, Environnement, et Développement durable" (A l'Occasion de la Journée Mondiale de l'Eau), Université de Jijel, Algérie.

18. Launder B. E. Reece G.J. and Rodi W. (1975). 'Progress in the development of a Reynolds-stress turbulence closure'. Journal of Fluid Mechanics, 63(3), 537-566

19. Launder, B. E. and Li S. P. (1994). 'On the elimination of wall-topography parameters from second moment closure'. Physics of Fluids, 6 (2), 999-1006

20. Launder B. E. and Ying W.M. (1973). 'Prediction of Flow and Heat Transfer in Ducts of Square Cross Section'. Proceedings, Institution of Mechanical Engineers, 187, 455-461.

21. Ligrani M. P. and Moffat J.R. (1986). 'Structure of transitionally rough and fully rough turbulent boundary layers.' Journal of Fluid Mechanics, 162, 69-98.

22. Lund E. G. (1977). 'Mean flow and turbulence characteristics in the near corner region of square duct'. M.S. thesis, Dept Mech. Eng, University of London.

23. McLelland S.J. Ashworth P. J. Best J.L. and Livesey J.R.(1999). 'Turbulence and secondary flow over sediment stripes in weakly bimodal bed material'. J. of Hydraul. Eng. ASCE, 125(5), 463-473.

24. Muller A. and Studerus X. (1979). 'Secondary flow in open channel'. Proceedings, congress of international associations for Hydraulic Research, Italy, pp189-222

25. Naimi M. and Gessner F. B. (1997). 'Calculation of fully-developed turbulent flow in rectangular ducts with non-uniform wall roughness'. Journal of Fluids Engineering, ASME, 119(9), 550-558.

26. Naot.D, Emrani.S. (1983). 'Numerical simulation of the hydrodynamic behaviour of fuel rod with longitudinal cooling fins'. Nuclear Eng. and Des, 73. 319-329.

27. Naot D. and Rodi W. (1982). 'Calculation of secondary currents in channel flows'. Journal of the hydraulic Division, ASCE, 108(8), 948-968.

28. Nezu I. and Nakagawa H. (1984). 'Cellular secondary currents in straight conduct'. Journal of Hydraulic Engineering, ASCE, 110(2), 173-193.

29. Nezu I., Nakagawa H. and Rodi W. (1989). 'Significant difference between secondary currents in closed and narrow open channels.' Proc. Of 23rd IAHR Congress, Ottawa, A125-A132.

30. Nezu.I, Nakagawa.H. (1993). 'Turbulence in open channel flows'. IAHR Monograph series, A.A., Balkema, Rotterdam, The Netherlands.

31. Nezu I. and Rodi W. (1985). 'Experimental study on secondary currents in open channel flow'. 21st IAHR Congress, Melbourne, Australia, 115-119.

32. Nezu I. and Rodi W. (1986). 'Open-channel flow measurements with a laser Doppler anemometer'. Journal of Hydraulic Engineering, ASCE, 112(5), 335-355.

33. Rotta J. C. (1951). 'Statistiche theorie nichthomogener turbulenz.' Zeitschrift für Physik, 129, p.547.

34. Shir C.C (1973). 'A preliminary study of atmospheric turbulent flow in idealized planetary boundary layer. 'Journal of Atmospheric Science, 30, 1327.

35. Soualmia A. Masbernat L. and Kaffel A. 'Wall friction and momentum dispersion in free surface flows with non uniform wall roughness'. Journal of PCN, vol.51, pp11-18, 2010.

36. Soualmia A. Zaouli S. et Labiod C. 'Modélisation des écoulements secondaires induits par l'anisotropie de la turbulence en canaux à surface libre et en charge'. La Houille Blanche, N° 1, pp1-8, 2010.

37. Suzanne C. (1985). 'Structure de l'écoulement stratifié de gaz et de liquide en canal rectangulaire'. Thèse de Doctorat ès-Sciences de l'INPT.

38. Taylor G.I. (1954). 'The Dispersion of Matter in Turbulent Flow Through a Pipe'. Proceeding of the Royal Society of London Series a-Mathematical and Physical Sciences. 223(1155), pp 446-468.

39. Wang Z.Q. Cheng N.S. (2006). 'Time-mean structure of secondary flows in open channel with longitudinal bed forms'. Adv Water Resources, 1-16 .

40. Zaouali S. Soualmia A. and Masbernat L. 'Simulations of free surface flows with cross stream variations of the wall roughness'. Journal of PCN, vol.48, pp43-50, 2009.

41. Zaouli S. Soualmia A. et Masbernat L. (2006). 'Modeling of secondary motions driven by the turbulence anisotropy in closed and open channels'. The International Conference on Advances in Mechanical Engineering and Mechanics, December 17-19, 2006 Hammamet – Tunisia.

42. Zaouali S. Soualmia A. and Masbernat L. ISEH-V, Arizona 2007.

43. Zeman O. and Lumley J. L. (1976). 'Modelling buoyancy-driven mixed layers'. J. Atmos. Sci. 33, p.1974.

44. Zaouali S. (2008). 'Structure et modélisation d'écoulement à surface libre dans des canaux de rugosité inhomogène'. Thèse de Doctorat (Cotutelle ENIT-INP Toulouse).

Deuxième Partie (Chapitres 5, 6, 7)

1. Agoumi A. (1982). 'Modélisation du régime thermique de la Manche'. Thèse de Docteur Ingénieur. Ecole Nationale des Ponts et Chaussées. Paris.

2. Agrawal Y.C. Terray E.A. Donelan M.A. Hwang P.A. Williams A.J. Drennan W.M. Kahma K.K & Kitaigorodskii S.A. (1992). 'Enhanced dissipation of kinetic energy beneath surface waves'. Nature, 359, 219-220

3. Ahdor Y. Dalmayrac S. et Fabre J. (1987). 'Dispersion d'un soluté passif. Fermeture des flux par une équation de transport'. Journal de Mécanique théorique et appliquée. Vol. 6. n°2. pp.209-210.

4. Akai M. and Aokis S. (1981). 'The Prediction of Stratified Two-Phase Flow with a Two Equation Model of Turbulence'. Int.J.Multiphase Flow, 7, 21-39.

5. Andritsos N. and Hanratty T.J. (1987). 'Influence of Interfacial Waves in Stratified Gas-Liquid Flows'. AIChE J, 33, 444-454.

6. Anis A. & Moum, J. N. (1995). 'Surface wave-turbulence interactions: scaling $\varepsilon(z)$ near the sea surface'. J. Phys. Oceanogr, 22, 1221-1227

7. Arnal D. and Cousteix J. (1981). 'Turbulence flow in unbounded stream wise corners'. Im Proc.3rd Symp.on Turbulence Shear Flows, Davis, California.

8. Banat M. (1985). 'Modèles locaux de l'écoulement stratifié de gaz et de liquide en conduite'. Thèse de Doctorat ès-Sciences, INP Toulouse, France.

9. Ben Cheikh E. (2001). 'Utilisation d'un modèle de turbulence anisotrope pour la simulation des écoulements sous les vagues de vent'. Diplôme d'études approfondies en Modélisation en Hydraulique et Environnement de l'ENIT.

10. Ben Kirane R. (1990). ' Modélisation numérique de l'écoulement stratifié gaz-liquide'. Thèse de Doctorat ès-Sciences, Université de Fes, Maroc.

11. Ben Slama E. Masbernat L. et Soualmia A. 'Modèle tricouche d'érosion d'un gradient de densité', Atelier International sur l'application des Modèles Mathématiques à l'évaluation des Modifications de la qualité de l'Eau, Tunis 2-7/5/1990

12. Bruno K. and MCCready M. J. (1989). 'Processes Which Control the Interface Wave-Spectrum in Separate Gas Liquid Flows'. Int. J. Multiphase Flow, 15, 531-552.

13. Carruthers D.J. Hunt J.C.R. (1986). 'Velocity fluctuations near an interface between a turbulent region and a stably stratified layer'. Departement of Applied Mathematics and Theoretical Physics. University of Cambridge. J. Fluid Mech, vol 165, pp. 475-501

14. Caussade B. Souyri A. (1986). 'Wind-generated turbulence in stratified flow'. Conf. ''Advancements in Aérodynamics, Fluid Mechanics and Hydraulics''. American Society of Civil Engineers. University of Minnesota. Minneapolis. June 3-6

15. Cazard I. (1987). Transport de polluants dans la Garonne. Rapport interne. EME. 254, IMFT.

16. Chang J. (1988). Etude cinétique et modélisation de la croissance d'une pollution mixte sur substrat complexe par couplage d'un réacteur discontinu à un spectromètre de masse. Thèse Doctorat INSAT n°71, 1-180.

17. Charnock H. (1955). 'Wind Stress on a Water Surface'. Q. J. Soc, 81, 639-640.

18. Cohen L. S. and Hanratty T. J. (1965). 'Generation of Waves in the Concurrent Flow of Air and Liquid'. AIChE J, 11, 138-144.

19. Cohen L. S. and Hanratty T. J. (1968). 'Effect of Waves at Gas-Liquid Interface on a Turbulent Air Flow'. J. Fluid Mech, 31, 467.

20. Craik A. D. D. (1966). 'Wind-Generated Waves in Thin Liquid Films'. J. Fluid Mech, 26, 369-392.

21. Craik A. D. D. and Leibovich S. (1976). 'A Rational Model for Langmuir Circulations'. J.Fluid Mech, 73, 401-426.

15. Deumuren A. O. and Rodi W. (1984). 'Calculations of Turbulence Driven Secondary Motion in Non Circular Ducts'. J. Fluid Mech, 140, 189-222.

16. Exuequan, Hopfinger E.J. (1986). 'On mixing across an interface in stably stratified fluid'. J.Fluid Mech, vol.166, pp. 227-244

17. Fabre J. Calcul des courants et tirants d'eau dans un réseau de chenaux à sections variables, en fonction du temps. Rapport interne EME-IMFT.

18. Fernandez-Flores R. (1984). 'Etude des interactions dynamiques en écoulement diphasique stratifié'. Thèse de Docteur Ingénieur, I.N.P Toulouse, France.

19. Hanratty T. J. (1984). 'Interfacial Instabilities Caused by Air Flow Over a Thin Liquid Layer, Waves on Fluid Interface'. Academic Press, Inc., New York.

20. Hanratty T. J. and Engen J. M. (1957). 'Interaction between a turbulent air-stream and a moving water surface'. AIChE J., vol.3, N°3, 299-304.

21. Hanratty T. J. and McCready M. J. (1992). 'Phenomenological Understanding of Gas-Liquid Separated Flows'. Proceedings of the Third International Workshop on Two-Phase Flow Fundamentals, Imperial College, London, U. K., April (1991).

22. Hanratty T. J. and MCCready M.TJ. (1982). 'Phenomenological understanding of gas liquid separated flows'. Notre-Dame. INUSA. Avril.

23. Hinze J. O. (1962). 'Secondary Currents in Wall Turbulence'. Physicals of Fluid, 10, S122-S125.

24. Hopfinger E.J. Toly J.A. (1976). 'Spatially decaying turbulence and its relation to mixing across density interface'. J. Fluid Mech. 1976. Vol. 78, part 1. pp. 155-175

25. Issa R. I. (1988). 'Prediction of Turbulent, Stratified, Two-Phase Flow in Inclined Pipes and Channel'. Int. J. Multiphase Flow, 14, 141-154.

26. Klein J.P. (1980). 'Modélisation des mécanismes turbulents dans les couches marines superficielles'. Thèse de Docteur ès Sciences. Université Aix-Marseille II.

27. Kit E. Berent E. et Vajda M. (1980). 'Mélange vertical induit par le vent ou par ruban mouvant sur la surface d'un fluide stratifié dans un canal'. J. Hydraulics Research. 18. N°1.

28. Langmuir I. (1938). 'Surface motion of water induced by wind'. Science, 87, 119-123.

29. Launder B. E. Reece G. J. and Rodi W. (1975). 'Progress in the Development of a Reynolds Stress Turbulence Closure'. J. Fluid Mech., 68, 537-566.

30. Launder B. E. Ying W. M. (1971). 'Fully-developed turbulent flow in ducts of square cross section'. TM/TN/A/11.

31. Lin P. Y. and Hanratty T. J. (1985). 'Prediction of Initiation of Slugs with Linear Stability Theory'. Int. J. Multiphase Flow.

32. Linden P. E. (1980). 'Mixing across a density interface produced by glid turbulence'. J. Fluid. Mech, vol.100, part 4. pp. 691-703

33. Liné A. Masbernat L. et Soualmia A. 'Modèle de processus de nitrification dans la Garonne à Toulouse', Atelier International sur l'application des modèles Mathématiques à l'évaluation des Modifications de la qualité de l'eau, Tunis, 2-7/5/1990.

34. Liné A. Masbernat L. Miré A. et Soualmia A. (1990). 'Analyse physique et modélisation des écoulements gaz-liquide à phase séparées en conduite rectiligne ou courbe'. Rapport n° 81 Interface, 1990. (Contrat EDF-DER).

35. Liné A. Masbernat L. and Soualmia A. (1996). 'Interfacial interactions and secondary flows in stratified two-phase flow'. Chemical Engineering Communications, vols.141-142, pp.303-329.

36. Liné A. Masbernat L. and Soualmia A. (1991). 'Analysis of the local structure of co-curent two-phase flow'. Two phase Flow Group Meeting, Rome, 27-29/5/1991.

37. Liné A. Masbernat L. et Soualmia A. (1991). 'Analyse des écoulements diphasiques à phases séparées'. Congrès de la Société Française de physique, 2/6 septembre 1991, Caen.

38. Liné A. Masbernat L. and Mocke G. (1990). 'Stratified flow dynamics controlled by wind-induced surface turbulence'. International Conference on Physical Modelling of Transport and Dispersion. AIRH. August 7-10.

39. Liné A. Masbernat L. et Prodhomme M.T. (1988). Modélisation mathématique de l'hydrodynamique et du transport de constituants dans les systèmes aquatiques à surface libre. Application à la Garonne, de Muret à la confluence avec le Tarn. Rapport de fin de contrat n°372.

40. Long R.R. (1970). 'A theory of turbulence in stratified fluid'. J. Fluid Mech. Vol. 42, part 2. pp. 349-365

41. Long R.R. (1978). 'A theory of mixing in a stably stratified fluid'. J. Fluid Mech. Vol. 84, part 1, pp. 113-124

42. Lumley (1964). 'Rational approach to relations between motions of differing scales in turbulent flows'. The Physics of Fluids, 10, 1405-1408.

43. Magnaudet J. (1989). 'Interactions interfaciales en écoulement à phases séparées'. Thèse de Doctorat INP de Toulouse.

44. Mocke G.P. (1988). 'Turbulence et courant induits par le vent en présence de gradients de densité. Modèle hydrodynamique du bassin de Thau'. Thèse de Docteur Ingénieur. INP Toulouse.

45. Moussa M. (1986). 'Turbulence et circulation générées par le vent dans les systèmes aquatiques peu profond. Application au lac de Tunis'. Thèse de Docteur Ingénieur INP Toulouse.

46. Moussa M. Maurel P. Masbernat L. (1999). 'Wind wave turbulence and Langmuir circulation in the upper mixed layer of marine ecosystems'. In Turbulence and shear flow phenomena -1. Banerjee, S., Eaton, J. K., Eds, Begell House, inc. 1237-1242

47. Naot D. and Rodi W. (1982) 'Calculation of secondary currents in channel flows'. Journal of the hydraulic Division, ASCE, 108(8), 948-968.

48. Osborne T. Farmer D. M. Vagle S. Thorpe S. Cure M. (1992). 'Measurements of bubble plumes and turbulence from a submarine'. Atmos.-Ocean, 30, 419-440

49. Phillips O. M. (1977). 'The dynamics of the upper ocean'. Cambridge University Press.

50. Piat J.F.and Hopfinger E.J. (1981). 'A boundary layer topped by a density interface'. J. Fluid Mech, vol. 113, pp. 411-432

51. Prodhomme M. T. (1988). 'Turbulence et circulations générées par le vent dans les eaux de surface'. Thèse de Doctorat - Institut National Polytechnique de Toulouse-231p.

52. Rosant J. M. (1984). 'Ecoulements diphasiques liquide-gaz en conduite circulaire'. Thèse de Doctorat ès-Sciences, ENSM, Nantes, France.

53. Roux A. Simonet F. Masbernat L. Liné A. Soualmia A. Capdeville B. Nguyen K. M. 'Modèle de la nitrification des rejets dans la Garonne au niveau de l'agglomération Toulousaine'. La Houille Blanche, vol 3/4, pp207-212, 1990.

54. Roux A. Simonet F. Masbernat L. Liné A. Soualmia A. Capdeville B. Nguyen K. M. 'Modèle de la nitrification des rejets dans la Garonne au Gestion de la qualité des eaux superficielles'. Société Hydrotechnique de France, 15-16/11/1989, Paris

55. Shoham O. and Taitel Y. (1984). 'Stratified Turbulent-Turbulent Gaz-Liquid Flow in Horizontal and Inclined Pipes'. AIChE, 30, 377-385.

56. Sinai Y. (1985). 'Interfacial Phenomena of Fully-Developed, Stratified, Two-Phase Flows'. Encyclopedia of Fluid Mechanics, 3, Gas-Liquid Flow, 475-491, N.P. Cheremisionoff, Ed (1985).

57. Soualmia A. Moussa M. Masbernat L. (2001). 'On the role of turbulence and langmuir circulations on transfers under wind waves'. Physical Processes in Natural waters-PPNW-2001, Gerona, 27-28-29/6/2001.

58. Soualmia A. (1993). 'Structure et modélisation d'écoulements internes de gaz et de liquide à phases séparées'. Thèse de Doctorat INP de Toulouse, n°.736.

59. Soualmia A. (1988). 'Dynamique d'interfaces de densité dans les milieux aquatiques'. Diplôme d'Etudes Approfondies INP Toulouse.

60. Soualmia A. 'Processus contrôlant le spectre des vagues interfaciales en écoulement gaz - liquide à phases séparées'. Rapport, n° 63 Interface, 1991.

61. Soualmia A. 'Instabilités interfaciales des écoulements gaz - liquides dans les conduites horizontales'. Rapports n° 17 Interface, 1990.

62. Souyri A. (1986). 'Turbulence sous les vagues de vent en écoulement isotherme ou thermiquement stratifié'. Thèse de Docteur Ingénieur. INP Toulouse.

63. Speziale C.G. Sarkar S. and Gatski T.B. (1991). 'Modelling the pressure-strain correlation of turbulence: an invariant dynamical systems approach'. Journal of Fluid Mechanics, 227, 245-272.

64. Suzanne C. (1985). 'Structure de l'écoulement stratifié de gaz et de liquide en canal rectangulaire'. Thèse de Doctorat ès-Sciences de l'INPT.

65. Taitel Y. and Dukler A. E. (1976). 'A Theoretical Approach to the Lokhart-Martinelli Correlation for Stratified Flow'. Int. J. Multiphase Flow, 2, 591-595.

66. Taitel Y. and Dukler A. E. (1976). 'Model for Predicting Flow Regime Transitions in Horizontal and Near Horizontal Gas-Liquid Flow'. AIChE J., 22, 47-55.

67. Terray E.A. Donelan M.A. Agrawal Y.C. Drennan W.M. Kahma K.K. Williams A.J. Hwang P.A. Kitaigorodskii S.A. (1995). 'Estimates of kinetic energy dissipation under breaking waves'. J. Phys. Oceanogr, 26 -792-807.

68. Thais L. and Magnaudet. (1995). 'A triple decomposition of the fluctuating motion below laboratory wind water waves'. J. Geophys. Res, 100, 741-755

69. Thais L. and Magnaudet. (1996). 'A triple decomposition of the fluctuating motion below laboratory wind water waves'. J. Fluid. Mech. 100, 313-344

70. Turner J.S (1986). 'The influence of molecular diffusivity on turbulent entrainment across two density interface'. J. Fluid Mech, vol. 33, part 4. pp. 639-656

71. Whitham G. B. (1974). 'Linear and non linear waves'. John wiley and sons.

www.ingramcontent.com/pod-product-compliance
Lightning Source LLC
Chambersburg PA
CBHW021110210326
41598CB00017B/1392